建设方**BIM**
技术应用

许 可 高治军 李 桦 著

中国电力出版社
CHINA ELECTRIC POWER PRESS

内 容 提 要

本书依据大量工程项目技术实践经验，并结合工程项目 BIM 实施案例及 BIM 专项应用实施案例，围绕 BIM 技术在工程建设方中的实施应用来编写。全书共四章，包括国内建筑行业投资建设方分类及其 BIM 应用发展现状，建设方 BIM 技术应用分析，建设方基于 BIM 的工期、投资、质量三要素管理，案例分析等。论述了 BIM 应用对于提高建筑行业规划、设计、施工和运营的科学技术水平，促进建筑业全面信息化和现代化，具有巨大的应用价值和广阔的应用前景。

图书在版编目（CIP）数据

建设方 BIM 技术应用 / 许可，高治军，李桦著. —北京：中国电力出版社，2020.4
ISBN 978-7-5198-4415-8

Ⅰ．①建… Ⅱ．①许… ②高… ③李… Ⅲ．①建筑设计–计算机辅助设计–应用软件
Ⅳ．①TU201.4

中国版本图书馆 CIP 数据核字（2020）第 035546 号

出版发行：中国电力出版社
地　　址：北京市东城区北京站西街 19 号（邮政编码 100005）
网　　址：http://www.cepp.sgcc.com.cn
责任编辑：王晓蕾
责任校对：黄　蓓　郝军燕
装帧设计：张俊霞
责任印制：杨晓东

印　　刷：北京天宇星印刷厂
版　　次：2020 年 4 月第一版
印　　次：2020 年 4 月北京第一次印刷
开　　本：787 毫米×1092 毫米　16 开本
印　　张：10
字　　数：166 千字
定　　价：48.00 元

十九大报告指出：要推动互联网、大数据、人工智能和实体经济深度融合，要大力改造提升传统产业，建设数字中国。BIM 技术作为当前数字建筑业中最基础性的应用，被认为是继 CAD 之后建筑业的第二场"科技革命"，也是建筑业信息化的重要抓手。通过建筑工业化与信息化的共振，也将建筑业转型升级带入"重技术"的新时代。

在我国现阶段，BIM 技术在施工阶段的应用水平已和世界接轨，价值呈现日渐明显，BIM 技术也已经成为提升项目精细化管理水平的核心竞争力。BIM 在企业管理战略中的重要性如何、推动力如何、应用程度如何，将直接影响企业的数字化变革进程。如果缺乏 BIM 的落地应用，就会造成企业整体的信息化缺乏翔实的数据来源，难以准确度量各个项目的真实管理水平。

本书围绕 BIM 技术在工程建设方中的实施应用来编写，阐述 BIM 技术应用发展现状、应用价值、效益以及应用的重要影响因素。根据众多实际工程项目，以建设单位 BIM 实施标准的建立为目标，从建设方 BIM 介入时机、管理模式、BIM 技术应用点三个基本维度，给出具体方法和实践内容，高效、充分、精确地帮助建设方基于 BIM 的建造模式进行工程项目的建设管理。所以本书对推动 BIM 技术在工程建设全生命周期的理论研究和应用实践，加快建筑业信息化建设具有重要的理论意义和实际应用价值。

本书第 1、2 章由沈阳建筑大学许可、高治军撰写；第 3 章由上海宝冶集团有限公司建筑设计研究院李桦撰写；第 4 章由沈阳建筑大学高治军撰写。最后定稿和校对由许可完成。

值此书付梓之际，首先感谢中国建筑上海设计研究院有限公司郑述，中建三局集团有限公司工程总承包公司林阳，上海宝冶集团有限公司建筑设计研究院龚利文、何兵、段宗哲、高宾、郭紫薇、邓艳艳和刘国富，沈阳建筑大学张颖、侯静等同志为本书的撰写提供的大力支持；其次，感谢著者的研究生黄鑫、陈巨擘、刘冰、安强、季承浩、苏融、赵倩男、李彩墅、崔馨予和李白雪等参与了本书资料收集与整理工作；最后，感谢中国电力出版社王晓蕾女士的倾力支持和悉心审阅。

本书由中国建设教育协会教育教学科研课题（项目号：2019156）资助，在此表示感谢！

由于著者水平所限，或许考虑不周，书中难免有不足之处，诚恳欢迎读者和有识之士批评指正。

著 者

二〇一九年十月二十日

目　录

国内建筑行业投资建设方分类及其 BIM 应用发展现状

1.1 国内建筑行业投资建设方的分类及发展现状

1.1.1 投资建设方的分类

在国民经济建设中，建筑企业的任务就是在不断提高工程质量、缩短工期和增进效益的基础上，全面完成承担的建设任务，并为满足社会扩大再生产、改善人民生活条件做出贡献。在过去几十年时间里，我国国民经济保持了平稳快速发展，固定资产规模不断扩大，为建筑业的发展提供了良好的市场环境。

在国内建筑业市场里，主要投资建设方按照企业规模的不同，可以分为大型、中型和小型建筑企业。按照投资主体的不同，可分为私营企业、国有企业、政府投资等。私有企业的投资主体是自然人，代表性企业有万科、万达等企业；国有企业和政府的投资主体是国家（国有资产管理部门是受国家委托），国家对其资本拥有所有权或者控制权，代表性企业为华润置地、深圳市建筑工务署等。

1.1.2 建筑业当前的发展状况

1. 建筑业发展成就

随着各大建筑业投资方规模进一步扩大，市场影响力也得到了巨大的提升。在以投资方为市场主导力量的前提下，中国建筑业市场一片红火，推动了国家经济的快速增长，为社会提供了大量的就业机会，同时对 BIM 技术的发展起到了至关重要的推动作用。

（1）工程建设成就辉煌。在投资方的主导下完成了一系列设计理念超前、结构造型复杂、科技含量高、使用要求高、施工难度大、令世界瞩目的重大工程；完成了大量的住宅建筑，为改善城乡居民居住条件做出了突出贡献。

（2）在国民经济中的支柱地位不断加强，根据国家统计局最新数据，2019上半年建筑业新签合同额同比增速在 6.6%～16.0%之间，较去年变动幅度为 −3%～6.4%之间，上半年新签合同额预计 12.5 万～13.6 万亿元。2019上半年建筑业产值 10.2 万亿元，同比增长 7.2%；建筑业增加值 2.75 万亿元，同比增长 9.9%，实际增长 5.5%。建筑业在国民经济支柱产业地位稳固。

（3）国有、民营建筑经济的崛起。建筑业投资方经过多年的发展壮大，无论在容纳劳动就业、完成建筑总产值，还是在创造经济效益方面，均在国内经济版图上占据了重要地位，发挥了巨大的作用。

（4）信息化技术运用成熟。"十三五"提出大数据，互联网+、平台建设等一系列决策，开发商借助信息化手段更为便捷的管理项目，大大减少了协同问题，提升了协同效率，将 BIM 的协同价值也提升了一个层次，很好地响应了"十三五"规划纲要的要求。

（5）国内外建筑业竞争力已成较强态势。截至 2019 年 4 月，我国对外承包工程累计新签合同额同比增长 8.6%，高于去年同期 9.3 个百分点。营业额具有滞后性，伴随着新签合同额的回暖，营业额表现有望缓慢恢复。"一带一路"沿线国家表现较好，截至 4 月，新签合同额同比增长 40.2%。经营领域由房屋建筑和交通项目延伸到石油、化工、电力、通信、冶金、航空航天领域等。

（6）良好的升级转型。许多大型房地产企业在蓬勃发展的同时，不断进行战略转型，由以房地产为主的企业全面转型为服务业企业集团，涉足文旅、商业、金融、电商等领域，更好地适应时代的发展。

2. 建筑业发展现存问题

建筑业蓬勃发展的同时，仍然有一些问题被忽视乃至滞后。总体上看，传统的建造方式、粗放的经营方式基本都尚未改变。仍处在高产值、高风险、多人力、低效益和弱素质的状态。

（1）抗风险能力差。国内房地产公司在短时间内蓬勃发展，规模迅速壮大，其资金链必然成为企业致命的威胁，抗风险能力较弱，资金链随时会出现因实际经营风险的细小偏差而导致断裂的情况。

（2）竞争压力大。前几年住宅用地遇冷后，商业用地纷纷炒高。国内住宅开发企业纷纷转型进入商业地产领域来对抗因住宅产品线单一而导致企业业绩起伏的问题，如万科、金地、绿地、龙湖等，使得之前在商业地产由万达一家独大的局面变为多强竞争。

（3）能源效率低。我国建筑能耗比较高，建筑材料更新换代慢，新型建筑材料的研发速度有待加快。

（4）安全事故多。建筑业与矿山、交通同列为高危行业，在资金高周转下，投资方过于追求建设速度导致各种事故层出不穷。

（5）技术开发不足。我国建设投资方用于技术研究和开发的投资少，新技术运用过于依赖发达国家软硬件设备。

1.2　BIM 技术的应用价值

BIM 作为贯穿建筑物全生命周期的一项信息技术，由于各用户自身技能、经验，以及对 BIM 的认识和期望方面的不同，对于 BIM 价值会存在不同的认识。BIM 技术的应用价值主要指的是 BIM 技术的应用为企业带来的直接经济效益、间接经济效益和社会效益等，BIM 技术的应用价值涵盖从项目立项、规划、设计、施工建造到运维等各个阶段，覆盖了业主、开发商、规划师、专业工程师、施工总承包（及分包商）、监理工程师、设备及材料供应商、物业管理人员等工程建设相关群体。根据 McGraw – Hill 的《BIM SmartMarket Report》有关全球报告调研数据，全球 BIM 应用价值有几个方面：一是减少错漏，降低返工概率，节约成本；二是促进各方的协作，减少问题解决的时间，缩短整体项目周期。

根据 BIM 技术的应用阶段划分，其主要应用价值如下：

（1）项目规划阶段：在规划阶段，投资方需要确定建设项目方案在满足类型、质量、功能等要求的情况下是否具有技术和经济可行性。BIM 技术可以对建设项目方案进行分析、模拟，对建设项目在技术和经济师可行性论证提供帮助，提高论证结果的准确性和可靠性，可以帮助决策者做出更加科学的决策，也为后期的招投标提供了便利，从而为整个项目的建设降低成本、缩短工期、提高质量提供助力。如南京蜂巢酒店项目，在项目规划阶段，从经济性和技术可实施性等方面出发，利用 BIM 技术对项目造型方案进行推敲、比选，确定幕墙蜂巢造型（见图 1 – 1）的最终方案。

（2）工程设计阶段：设计者一方面可以通过 BIM 技术进行自检，另一方面也可以通过 BIM 技术给决策者提供更为科学的选择依据。利用三维可视化设计和各种功能、性能模拟分析，不仅使设计师对设计内容实现"所见即所得"，而且能够使投资方不受技术壁垒的限制，有利于建设、设计和施工等单位沟通，方案优化比选，极大拓展了复杂三维形态的可实施性，提高了建筑性能和设计质量。下图为利用 BIM 技术对项目进行热能分析（见图 1-2）和太阳辐射分析（见图 1-3）。

图 1-1　南京蜂巢酒店幕墙造型

图 1-2　热能分析模拟

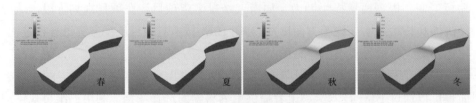

图 1-3　太阳辐射分析

（3）工程施工阶段：在项目施工阶段，可以充分沿用设计模型（见图1-4），针对设计模型，开展模型核查、构件信息添加、施工操作规范和施工工艺的融入，以及措施模型的添加等工作，实现设计模型到施工模型的延续）或施工方自行创建的施工模型（见图1-5），进行碰撞检查、深化设计（见图1-6）等，利用 BIM 模型间的协同，发现专业间冲突，避免工程繁复变更。从 3D 升级为 4D，基于 4D 模型，对施工进行满足工期要求的动态模拟并实时的对比施工进度，开展方案模拟（见图1-7）、进度模拟和资源管理。从 4D 升级为 5D，基于 5D 模型，进行工程算量和计价，控制项目投资。甚至还可以把物料管理、场地管理等信息添加到模型之中，从而进行 nD 模型管理应用。

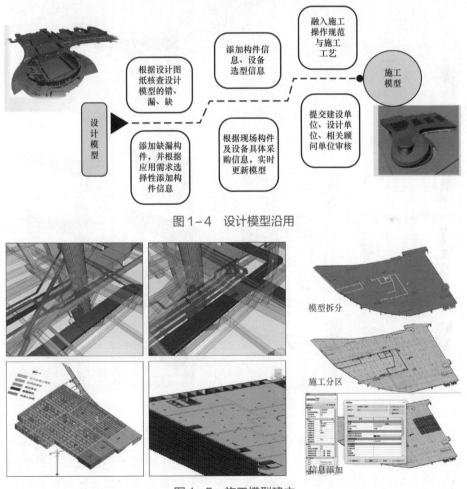

图1-4　设计模型沿用

图1-5　施工模型建立

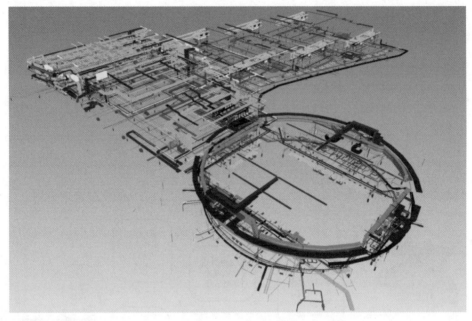

图1-6 深化设计

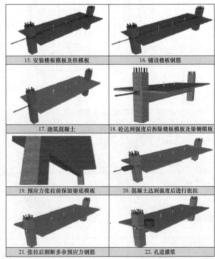

图1-7 预应力结构方案模拟

（4）运营管理阶段：BIM 在项目运营阶段也起到非常重要的作用。在项目施工阶段做出的修改将同步到竣工模型中，利用 BIM 模型的建造信息和运维信息，对建筑物中大型设备间、建筑物进出口等重要位置进行科学安防；利用 BIM 技术对建筑物用电量等数据进行观测，对浪费区域进行分析，合理优化用电设备使用时间或数量，从而达到节能环保；发生紧急事件时，利用 BIM 模型进行科学的人员快速疏散和营救等，实现了基于模型的建筑运营管理，如图 1-8 所示，实现设备属性数据实时观察和应急预警管理，降低运营成本，提高项目运营和维护管理水平，BIM 技术在运营阶段的应用进一步实现建筑工程使用价值的增值。

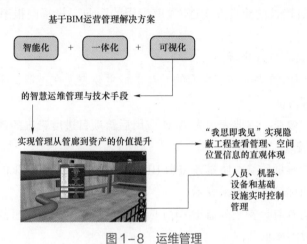

图 1-8　运维管理

（5）城市管理：BIM 技术和城市管理信息系统的融合，有利于建立完整的城市建筑和市政基础设施的基础信息库，为智慧城市建设提供支撑。同时，城市建筑信息模型数据的开发，能够实现建筑信息提供者、项目管理者与用户之间实时、方便的信息交互，有利于营造丰富多彩、健康安全的城市环境，提高城市基础设施设备的公共服务水平。

1.3　BIM 技术的商业效益

目前，国内大多数建筑企业认可 BIM 技术可为项目带来效益，包括财务层面效益、产品层面效益、组织层面效益、管理层面效益、战略层面效益等。

1. 财务层面效益分析

财务方面的效益测量一般使用投资回报率（ROI）表示，即项目总收益（费用节约额、效益产出额）除以项目 BIM 总投资，其中，收益主要指应用 BIM 给项目带来的可以计量的项目效益以及利润，如节约成本获得的提前竣工转化的效益等。投资额则表现为了完成或操作 BIM 所需要的费用，通常包括 BIM 技术咨询费用、运营成本、硬件费用、软件费用、安装及配置费、培训费、模型维护费用、日常管理费用等。

根据 Dodge Data & Analytics 发布的《中国 BIM 应用价值研究报告》相关调研数据显示，国内 BIM 投资回报率（ROI）有以下几个特征：其一，回报率为盈利的企业占绝大多数，85%的设计企业和 86%的施工企业认为其 BIM 投资回报率（ROI）为正，约有 15%的企业为负或处于盈亏平衡状态；其二，BIM 应用年限较长的企业和 BIM 深度应用的企业，投资回报率为正的比例较高。

2. 产品层面效益分析

BIM 应用所带来的产品层面的效益指标主要表现在工期、质量、安全、机构化效益等方面。

（1）工期效益。主要表现为 BIM 应用后给项目进度带来的效益，用节约工期/总工期表现工期节约效率。

（2）产品质量效益。质量效益指 BIM 应用给项目质量带来的效益，可以用合格品率和优等品情况来表示。

（3）安全效益。安全效益指 BIM 应用给项目带来的安全事故率的降低和事故伤亡人数的降低情况。

（4）产品结构效益。产品结构指 BIM 应用后，对于项目可持续发展性和项目实施时项目的可视化性表现所带来的效益。

3. 组织层面效益分析

BIM 应用所带来的组织层面的效益主要表现在 BIM 技术对于企业人力资源组织和企业组织的优化；可以表现为人力使用效率的提升、员工培养特别是 BIM 技术人员的培养提升、由于信息流通而造成的沟通合作效率的提升，以及企业组织构架的提升。

4. 管理层面效益分析

管理层面的效益主要表现为生产效率的提高和项目风险的降低。

（1）生产效率效益。应用 BIM 技术可以更好地避免传统的二维图纸设计中的人为失误。通过三维模型的冲突检测，排除设计图纸中空间碰撞，优化设计图纸及管线排布方案，从而避免工程施工过程中因碰撞产生的变更与返工，可以通过返工比例的降低、劳动力的节省和变更次数的降低以及变更成本节约的情况来对 BIM 使用后的效益进行评价。变更减少率可以用变更数量减少比率、变更费用减少比率进行表示。

（2）项目风险改善效益。由于使用 BIM 技术后，可以有效地降低项目实施中的某些不确定性，因此对于项目的风险控制会有明显的改善，具体可以用项目实施的技术风险、安全风险、资金风险等方面内容的改进来衡量。

5. 战略层面效益分析

使用 BIM 的战略层面效益主要表现为顾客满意度的提高和企业竞争实力的提升等方面。

在今后的若干年内，越来越多的高端业主会意识到 BIM 的实用价值并付诸实践。BIM 的付出不过是工程投资的千分之几，用小投资来提高整个项目的建筑性能、抗风险能力、协同与控制能力。与此同时，BIM 还提高了后期整个运营的可控性。因此 BIM 的应用能否得到推广，巨大的商业价值能否由理论概念尽快转化为实实在在的生产力，还要看能否得到越来越多项目的使用者的认可和参与。

1.4　BIM 应用的重要影响因素

1.4.1　国家政策及标准

BIM 技术是一项新技术，其发展与应用需要政府的引导，以提升 BIM 应用效果、规范 BIM 应用行为。"十三五"期间，国家对 BIM 技术研究和应用支持力度更多，也更加深入。例如：

（1）《2016～2020 年建筑业信息化发展纲要》提出了"十三五时期，全面提高建筑业信息化水平，着力增强 BIM、大数据、智能化、移动通信、云计算、物联网等信息技术集成应用能力，建筑业数字化、网络化、智能化取得突破性发展，初步建成一体化行业监管和服务平台，数据资源利用水平和信息服务能力明显提升，形成一批具有较强信息技术创新能力和信息化应用达到国际先进水平的建筑企业及具有关键自主知识产权的建筑业整体信息技术企业。"

（2）"基于 BIM 的预制装配建筑体系应用技术"项目，研究内容包括：研发预制装配建筑产业化全过程的自主 BIM 平台关键技术；研发装配式建筑分析设计软件与预制构件数据库；研发基于 BIM 模型的预制装配式建筑部件计算机辅助加工技术及生产管理系统；研发基于 BIM 的空间钢结构预拼装理论技术和自动监控系统；研发基于 BIM 模型和物联网的预制装配式建筑运输、智能虚拟安装技术与施工现场管理平台。

随着 BIM 技术应用的需要，相关标准规范的编制成为国家和各地一项重要基础性工作，国家住房和城乡建设部、地方各级政府、行业协会及企业都已展开相关标准的编制工作。目前 BIM 国家标准分为三个层次：

统一标准：《建筑信息模型应用统一标准》（GB/T 51212—2016），自 2017 年 7 月 1 日起实施。

基础标准：《建筑信息模型存储标准》和《建筑信息模型分类和编码标准》。

执行标准：《建筑信息模型设计交付标准》《建筑信息模型施工应用标准》《制造工业工程设计信息模型应用标准》。其中，《建筑信息模型施工应用标准》自 2018 年 1 月 1 日起实施。

1.4.2 管理模式

国外专家的研究表明，BIM 应用要求项目各参与方在技术上联系更加紧密，但传统建设管理中的各参与方组织分隔问题并没有随着 BIM 的应用而得到解决，这种技术应用需求与组织现实分隔所存在的差异阻碍了 BIM 应用效益的最大化。目前企业项目管理与 BIM 技术管理不匹配，企业内部 BIM 流程还需要梳理。只有当企业管理模式与 BIM 技术相配套，才能实现 BIM 技术的深层次价值。

BIM 作为一种新的建筑业信息技术及跨组织应用的技术，必然导致项目各参与方现有组织内及组织间工作方式的变革。BIM 需要和组织流程、管理体系相互匹配。不要仅将 BIM 看作一个单独的辅助技术工具，更应该将 BIM 应用融入企业管理和战略决策，得到组织管理层的支持和配合，通过把客户目标和项目团队目标集成，实现项目人员、资金、物流、信息流的高度集成。一般应从三个方面着手：

（1）采用集成化的技术方法，以及配套的人员组织结构；

（2）着眼于建筑产品整体品质提升；

（3）跨组织边界改良工作流程和合作方式、方法。

1.4.3 人才培养

当前，BIM 在国内外越来越受重视，行业需要越来越多能够熟练掌握 BIM 的人才，国内 BIM 高等教育和资格认证尚处于发展初期，还没有形成完整的 BIM 人才教育体系和人才职业发展环境。BIM 人才缺乏是当前企业 BIM 技术深度应用的主要问题所在，其中包括缺乏专业的 BIM 技术人才、没有系统的 BIM 技术培训、员工知识与能力结构欠缺等。

随着 BIM 技术高速普及，社会企业对于 BIM 技术人才的需求也在不断增长。国内部分高校和教育机构也相继成立了各种形式的 BIM 教学与研究组织，如 BIM 研究中心、BIM 实验室（实训室）、BIM 项目工作组、校企联合实习基地、学生 BIM 俱乐部等。部分高校和教育机构也相继开设了相关 BIM 专业（学位）、辅修课程，例如清华大学、同济大学、天津大学等在本科领域开设了 BIM 软件课程，少量高校以选修课的形式开设 BIM 课程，例如山东建筑大学、西安建筑科技大学、沈阳建筑大学等。国内部分高职院校也在积极开展 BIM 教育，如四川建筑职业技术学院、广西建筑职业技术学院、山东城市建设职业技术学院等已经开设或正在进行建设项目信息化管理专业的申报。还有一部分高职院校，如黑龙江建筑职业技术学院、江苏建筑职业技术学院等积极采取行动，与国内知名 BIM 技术公司开展校企合作。

1.4.4 软件平台

目前 BIM 软件处于不够成熟，难以很好地支撑 BIM 软件与其他多种软件的集成应用。从而，选择 BIM 软件是企业 BIM 应用的首要环节。在实际操作中，则要根据项目的特点和 BIM 团队的实际能力，正确选择适合自己使用的 BIM 软件，因为一旦确定了某类 BIM 软件产品，构建出 BIM 模型，在模型格式不完全兼容的条件下，模型格式转换将造成模型构件和信息的丢失。在选择过程中，应采取相应的方法和程序，选出符合项目需要的 BIM 软件。基本步骤和主要工作内容如下：

（1）调研和初步筛选。全面考察和调研市场上现有的国内外 BIM 软件及应用状况。结合本项目的特点、规模，从中筛选出可能适用的 BIM 软件工具集。筛选条件可包括：BIM 软件功能、本地化程度、市场占有率、数据交换能力、软件性价比及技术支持服务能力等。如有必要，也可请相关的 BIM 软件服务商、专业咨询机构等提出建议。

（2）分析及评估。对初选的每个 BIM 软件进行分析和评估。分析评估应考虑的主要因素包括：是否符合企业的整体发展战略规划；是否可为业务带来收益；软件部署实施的成本和投资回收率；工程人员接受的意愿和学习难度等。

（3）测试及试点应用。抽调部分工程人员，对选定的部分 BIM 软件进行试用测试，测试的内容包括软件系统的稳定性和成熟度，易于理解、易于学习、易于操作等易用性及所需硬件资源等。

（4）审核批准及正式应用。基于 BIM 软件调研、分析和测试，形成备选软件方案，由相应负责人审核批准最终 BIM 软件方案，并全面部署。

部分常用施工 BIM 应用软件见表 1-1。

表1-1　　　　　　　　　常用施工 BIM 应用软件

软件工具			施工阶段			
公司	软件	专业功能	施工投标	深化设计	施工管理	竣工交付
Autodesk	Revit	建筑、结构、机电建模	●	●	●	
	Navisworks	模型协调、管理	●	●	●	●
	Civil 3D	地形、场地、道路建模	●	●		
Graphisoft	ArchiCAD	建筑建模	●	●	●	
广联达 Progman Oy	MagiCAD	机电建模	●	●	●	
Bentley	AECOsim Building Designer	建筑、结构、机电建模	●	●	●	
	ProSteel	钢构建模			●	
	Navigator	模型协调、管理	●	●	●	●
	ConstructSim	建造管理	●	●	●	
Trimble	Tekla Structure	钢构建模			●	
广联达	广联达 5D	造价建模及管理	●	●	●	●
鲁班	鲁班 BIM 系统	造价建模及管理	●	●	●	●
RIB 集团	iTWO	进度、造价管理	○	○		○
建研科技	PKPM	结构建模、分析、计算	●	●	●	
盈建科	YJK	结构建模、分析、计算	●	●	●	
迈达斯	Midas	结构建模、分析、计算	●	●	●	
飞时达	FastTFT	土方计算			●	

注：表中"●"为主要或直接应用，"○"为次要应用或需要定制、二次开发。

1.5　国内投资建设方 BIM 应用范例

随着 BIM 应用范围的扩大和应用深度的增加，全过程 BIM 应用逐渐成为工程需求，尤其对于大型复杂项目主导型业主，例如地铁、综合体、医院、工业企业等业主。一方面，BIM 出现的根本原因就是解决项目全生命周期所存在的信息管理问题，为工程全过程管理增值，而设计和施工单位应用 BIM 并不能解决 BIM 全过程应用的根本问题。另一方面，投资建设方是项目的总组织者、总协调者和总集成者，也只有投资建设方才能洞悉 BIM 的应用需求，整合各方资源和 BIM 应用，并进行组织和协调，使 BIM 应用融合于项目管理过程，因此，以投资建设方为主的应用模式是项目 BIM 应用的首选，尤其是大型复杂项目和专业性较强项目。以下展示 BIM 应用范例：

1.5.1 万达集团

万达在 2011 年就开始在万达金牛广场尝试应用 BIM，目前已经发展到 BIM 总发包管理模式，在总发包管理模式下万达广场开业数量如图 1-9 所示。BIM 帮助万达成为国内地产业标杆企业。受益于 BIM 技术的大量实施，其文化集团 2014 年收入 341.4 亿元，完成年计划的 108.9%，同比增长 32.3%，快速增长进一步拉大与国内同行的距离；2014 年万达开工无锡和广州万达城两个巨型文化旅游项目；2020 年前，万达至少开业 10 个重大文化旅游项目，项目运维整体集中于万达信息化监管平台。

图 1-9　万达广场开业数量

万达经过长期的研究与项目经验实际积累，BIM 技术的应用已经从最初的尝试、阶段化运用向目前的项目全周期、建筑供应链管理应用方向转变。"BIM 总发包管理模式（见图 1-10）"是对万达十五年商业地产开发管理模式制度化、标准化、信息化以及工程总承包交钥匙管理模式的总结性提升，可实现从设计、开发、建造到运维多方协同的全生命周期、全产业链一体化管控，具有管理前置、协调同步和模式统一三大特性。BIM 技术的应用实现了万达轻资产的规模化发展，同时是总包工程管理走向国际化管控的必经方向。

万达BIM总发包管理模式：管理前置-工作协同-模式统一

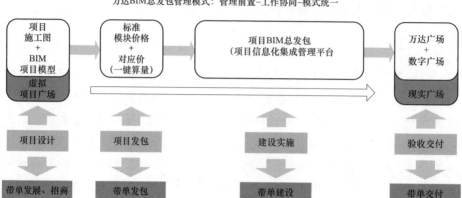

图1-10 万达 BIM 总发包管理模式

基于现在的设计、成本、工程和运营数据是割裂的，采用 BIM 技术，能将各个环节打通，达到省人、省钱、省时间的目的。建设实施中通过基于 BIM 技术和信息化的"项目信息化集成管理平台（见图 1-11）"可实现四方对项目的同步协调、统一管理。

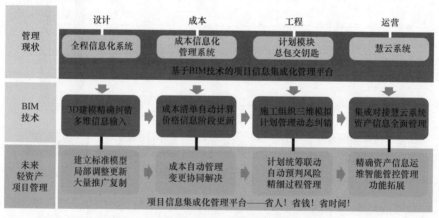

图1-11 万达项目信息集成化管理平台

1.5.2 万科集团

万科 2011 年开始在万科魅力之城 BIM 试点，2016 年引入了集团 ERP 信息化战略并覆盖集团财务、项目计划、成本采购、营销管理及财务业务一体化、商务智能等核心领域，2017 年引入 BIM 云平台，与 BIM 数据为抓手，搭建涵盖产品定位、产品设计、招标采购、施工管理、项目销售、交付验收、客户使用、运维的全过程产品数据库，如图 1-12 所示。

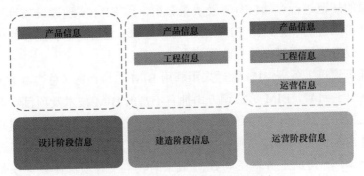

图 1-12 万科企业级数据库规划

　　万科已实现了建筑、设备、工程、成本、采购多专业协同设计，形成了"BIM 设计-施工"项目操作流程。

　　万科 BIM 平台构架要能够实现企业管理项目各个的信息共享和协同作业，实现企业对多个项目工程的同时管控，可对 BIM 模型进行轻量化处理，具有集成模型与工程设计、安全、质量、进度、成本等相关的信息、报表与文档的能力，具备设计管控、成本管控、施工管理、开发管理四个模块的功能，并形成了产品数据库与项目信息库，如图 1-13 所示。

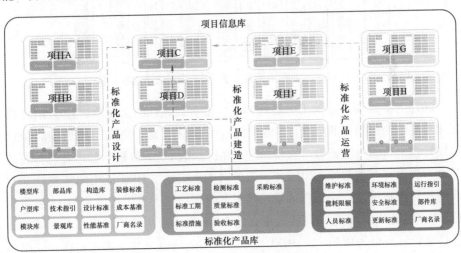

图 1-13 万科项目信息库

1.5.3 深圳市建筑工务署

　　深圳市建筑工务署是深圳市政府负责政府投资建设项目实施和管理的专

业部门，其在项目管理的过程中，将每一个建设项目全生命周期的信息按照标准体系的规范进行存储、分享及决策分析，用 BIM 实现建设项目的事中事后监管及第三方的评估，用 BIM 搭建政府与市场之间沟通和监管的桥梁，创新政府在投资建设项目中的行政管理方式。

深圳市建筑工务署 BIM 管理采用聘用 BIM 总协调方（总咨询方）的管理模式（见图 1-14），BIM 总协调方由拥有丰富的 BIM 技术及项目管理经验的专业团队担任，其能针对项目的特点和要求制订详细 BIM 实施细则并贯彻实行。BIM 总协调方负责建立项目协同管理平台，对项目的 BIM 实施进行统一管理和协调，并协助工务署完成 BIM 成果的收集及对项目各参与方进行 BIM 技术支持。

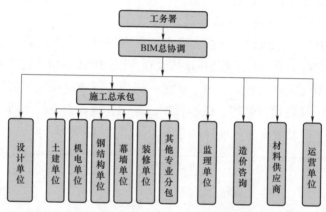

图 1-14 深圳市建筑工务署 BIM 项目管理组织结构

2015 年，深圳市建筑工务署选择了一批有代表性的工程项目开展 BIM 的强化实验性的应用，多角度、多方位的组织 BIM 实施，完成工务署 BIM 应用协同管理平台的开发建设，实现基于 BIM 应用的业务流程制订，并与传统的建设管理流程有效对接；2016 年，工务署实现实验型 BIM 应用向常规型 BIM 应用的转化和过渡，在工程项目的建设和管理中较大范围地开展 BIM 应用实施，完成以标准、流程、评价为核心的 BIM 技术应用体系建立，形成以工务署信息管理平台为依托，以 BIM 技术为核心的政府公共工程项目新的应用模式和管理方法；2017 年，实现在工程项目的建设和管理中全面开展 BIM 应用，形成以 BIM 技术为核心的全过程、全专业、全角色的信息共享和协同，全面实现国家 BIM 实施的战略要求，并使工务署的 BIM 技术应用水平达到国内外先进水平。

深圳市建筑工务署的 BIM 应用不是局部实施，而是政府投资工程建设项目的全员、全专业、全过程建设的管理应用。工务署 BIM 技术应用的总体实施满足全面管控政府投资工程项目的品质、成本、工期和效率的根本诉求，基于 BIM 技术的协同管理优势，可以保证工务署工程项目管理效率的大幅提高。

建设方 BIM 技术应用分析

2.1 BIM 介入时机分析

随着政府主管部门一系列 BIM 政策的出台，如鲁班奖的评选、政府投资的 2 万平方米以上项目都要求使用 BIM 技术等，很多投资建设方也将 BIM 技术应用写入招标要求，或作为技术标中的重要加分项。在项目建设过程中，BIM 技术介入越早，其项目增值越明显，同时，企业应用 BIM 越早，越早建立其竞争优势。

BIM 技术的一大优势是在项目开工前对项目进行预建造，如果项目已经在实施过程中，如果项目已经在实施过程中，很多 BIM 应用将错过最佳时机，如：

投标方案：在投标阶段，BIM 无疑是亮点之一。商务标方面，利用 BIM 技术可以快速准确算量，一方面方便对外不平衡报价，"预留"利润；另一方面对内进行成本测算，提前了解利润空间，便于决策。在技术标方面，可以提前展示 BIM 在施工阶段的价值，碰撞检查、虚拟施工、进度管理、材料管理、运维管理等，提高技术标分数，从而提升项目中标概率。

图纸会审：图纸会审可以提前发现图纸的缺陷，提前发现并解决问题，避免返工节约工期；如果在施工过程中才发现图纸问题，会造成不必要的返工，费材费工的同时施工进度也相对滞后。

前期场地布置：在施工单位进场前模拟现场的场地布置模型（见图 2-1），如办公场地、材料堆放场地、加工场地、临时用水用电、设备堆放场地、宿舍、食堂、厕所、警卫室、入场道路、垂直运输设备位置等。如果前期模拟好场地布置，则可以最大的节约施工用地，减少临时设施的投入，从而降低成本。同时通过对材料运输路线的方案模拟最大限度地减少场内的运输，减少材料的二次搬运。

图 2-1 深圳某项目施工场地规划

预留孔洞：施工前通过碰撞检查系统查找出设计图纸中遗漏的预留洞口（见图 2-2），避免在施工后发现该预留的洞口没有预留而凿洞返工，不但费时费工影响施工进度，而且现场凿洞返工对结构有一定的影响存在结构安全隐患。

图 2-2 施工现场孔洞预留

施工专项方案模拟：在施工前通过 BIM 技术模拟施工专项方案（见图 2-3，某项目斜柱施工支撑体系搭设方案），利用 BIM 的可视化，帮助施工人员判断方案的合理性，或者通过模拟多项方案，帮助制定最佳方案决策。施工专项的方案模拟还可以帮助现场施工人员更好地理解施工方案，提升施工水平与效率。

图 2-3　斜柱施工支撑体系搭设方案

高大支模查找：施工前通过 BIM 系统可以快速查找和定位出楼层中需要高大支模的位置，人工筛选查找高大支模的位置会导致效率低下；其次会出现遗漏，如果在施工后才发现有部分遗漏，这样工程的施工安全会存在很大的隐患。图 2-4 为某项目高大支模可视化展示。

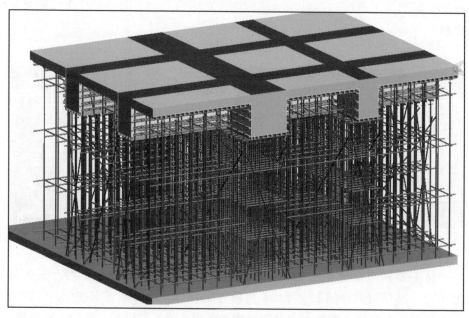

图 2-4　高大支模可视化展示

支撑维护与主体碰撞检查：施工前对地下支撑维护模型和地上主体结构

模型进行碰撞检查，不仅校验支撑维护方案的合理性（如隔构柱偏离支撑），同时还能检验出支撑结构与主体结构间存在的碰撞点（隔构柱与主体梁间距过小造成无法施工等问题），避免在主体结构施工时支撑围护影响主体结构施工。图 2-5 为锚索施工三维协调示意图。

图 2-5　锚索施工三维协调

地下部分复杂节点交底：施工前通过 BIM 可视化模型提前对地下部分节点（图 2-6 为某市政项目防水节点），尤其是基础部分的复杂节点进行交底（复杂集水井、异形承台等），通过 BIM 模型的可视化交底，不仅让现场的技术员深刻的理解图纸，更能避免对图纸错误理解从而造成的错误施工。

材料上限控制：施工前通过对工程量精确核算，可以对现场的进料以及备料做好精确材料计划，控制好材料的上限；前期材料上限控制，不仅避免在施工过程中进料过多造成不必要的材料浪费增加成本，而且对公司和项目整体资金的合理安排提供保障。

资金计划：项目前期需要进行项目的成本分析与资金计划，使用了 BIM，可以更快更准确地了解项目的成本应用情况与需要准备的资金情况，对于后续的成本管理与现金流管理有巨大的作用。

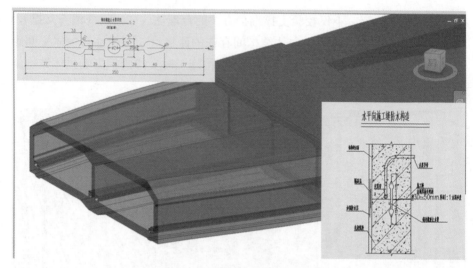

图 2-6　某市政项目防水节点

2.2　建设方主导的 BIM 管理模式

建设方（业主）主导的 BIM 应用即强调业主在项目 BIM 应用中的核心地位，并作为设计、施工、监理等其他参建方应用 BIM 技术的驱动力量。业主驱动的 BIM 应用可涵盖设计、施工和后期运维等阶段的工作任务，结合 BIM 技术解决业主在项目各阶段常见的问题，从而满足工程项目质量、工期、成本以及安全的要求。业主驱动的 BIM 应用区别于设计方、施工方的 BIM 应用，它是从建设项目全生命周期考虑，基于 BIM 技术实现项目工程管理的总调度，而后者更多的是单阶段的 BIM 技术应用。业主主导的 BIM 管理模式主要分为业主自有团队管理和聘请 BIM 咨询方辅助管理两种模式。

2.2.1　业主自有团队管理

业主自有团队管理的 BIM 应用模式由业主方主导，协调每个阶段的参建方，组建专门的 BIM 团队负责各阶段的 BIM 实施与应用。此模式下，业主将直接参与 BIM 具体应用，不但要根据项目特点制定 BIM 应用总目标，还要确立基于 BIM 的项目阶段性目标、组织流程、规范标准、平台和协作机制，并针对项目进展情况随时调整 BIM 规划和信息内容。因此，业主必须以合同的形式对各参建方的 BIM 技术应用能力进行规定，以便于项目各参见方都能站在业主的立场全面推动 BIM 的应用。

该模式的优点是业主可以较好地整体把控各阶段的信息流通，有利于提升业主 BIM 团队的管控能力，缺点是该模式对业主 BIM 团队的沟通协调能力要求较高，业主在项目建设中合同管理的工作量较大。

2.2.2　咨询方辅助管理

如果建设单位的 BIM 技术力量比较薄弱，那么项目 BIM 管理工作可通过招标的方式委托第三方 BIM 咨询公司，与咨询公司签订合同，通过合同管理的方式来辅助管理 BIM 工作。另与设计单位、总包单位及各专业分包单位签订的合同中 BIM 费用单独列出，要求各单位的 BIM 进度款申请表需要咨询公司 BIM 经理签字确认后才能付款。否则咨询公司的管理工作容易被架空，达不到预期的目标。

2.2.3　建设方管理模式主要管理内容

（1）建设方或 BIM 咨询方应在项目各个阶段对各参建单位的 BIM 实施进行统筹协调管理，具体职责如下：

1）制定 BIM 管理规划，按照制定的管理流程和制度管理本项目的 BIM 实施；

2）组织项目各参建单位分别制定 BIM 实施策划方案，组织审核并监督各参建单位执行，根据项目具体进展情况应及时组织调整并审核；

3）审核与验收各阶段各参建单位提交的 BIM 交付成果，提交各阶段 BIM 成果的审核意见并指导调整，协助业主单位进行 BIM 成果归档汇总；

4）响应项目需求，充分挖掘 BIM 技术在工程中的使用价值，保证工程质量、进度及效益的提高；

5）为各参建单位提供 BIM 技术支持和管理平台的运维服务。

（2）参建单位按照 BIM 招标要求，配备对应的 BIM 团队、软硬件配置，满足咨询单位和业主 BIM 管理团队提出的要求，编制 BIM 实施策划方案。服从建设方或 BIM 咨询单位的管理，并配合其他专业的 BIM 应用提出的合理要求。按照要求上传资料到协同管理平台。

（3）监理单位按照 BIM 招标要求，配备对应的 BIM 团队、软硬件配置，当发现不利于建设单位利益时，要及时提出异议并制止，尽量做到平衡甲、乙双方的利益。最关键的是监督参建单位的施工是否与 BIM 深化模型一致，如不一致，要及时制止，并开具整改通知单。对参建单位提交的模型成果进行审核，提出审核意见，保证模型施工的可行性。

（4）建设单位通过与各参建单位签订 BIM 合同，自行实施或委托 BIM 咨询单位对工程建设全生命周期应用进行管理，并监督各单位履行合同及执行《BIM 实施策划方案》情况；要求各单位参会前准备模型，会上必须是基于模型的讨论交流；同时解决参建单位提出的需业主方解决的问题，协调多专业交叉出现的问题，协调发生碰撞的专业单位共同做出让步，达到项目要求。

（5）BIM 成果管理，参建单位按 BIM 应用计划提交 BIM 成果，在协同管理平台上提交电子版，咨询单位、监理单位、业主 BIM 管理团队平行审核并提出意见，参建单位根据意见进行修改并更新模型重新提交，需要纸质版的，打印纸质版平行报审盖章。

（6）BIM 与质量计划、质量控制的结合，基于 BIM 模型的施工，基于 BIM 模型的验收，保障工程项目质量，提高工作效率。

（7）BIM 与施工进度计划、进度控制的结合，基于 BIM 模型的虚拟建造，提前部署资源，实际进度与计划进度对比，可视化进度差异，实时调整。保障工期按时完成。

（8）BIM 与成本计划、成本控制、成本核算的结合，基于 BIM 模型提取工程量采购，与预算量对比控制成本，再进行核算，提高项目精细化管理水平。

2.3 BIM 管理团队组建及运营

2.3.1 BIM 管理团队组建

BIM 管理团队是项目管理的重要协同管理部门，是项目全生命周期的管理组织机构，为项目投资决策提供有效信息，当好参谋，其工作质量的好坏将对项目有重大影响，向项目经理全面负责。BIM 管理团队通过协同平台，基于模型的平台协调解决各参建方，部门之间的问题，减少沟通时间，提高工作效率。

BIM 管理团队是项目信息化集成应用的主体，对最终虚拟建筑产品和建设单位全生命周期负责的管理实体。BIM 管理团队是一个管理组织实体，要完成 BIM 协调管理任务和专业管理任务；凝聚团队人员的力量，调动其积极性，促进协作；协调部门之间、团队人员之间的关系，发挥每个人的岗位作用，为 BIM 目标共同工作；贯彻组织责任制，搞好管理；通过协同管理平台提高沟通效率。

不同的组织形式决定了项目对 BIM 团队的不同管理方式，提供的不同管理环境，以及对 BIM 经理授予权限的大小。同时对 BIM 团队的管理力量配备，管理职责也有不同的要求，要充分体现责权利的统一。

1. 根据项目的规模、复杂程度和专业特点设置

如大型建设项目的 BIM 管理团队设置项目经理、单体负责人、专业负责人、平台负责人、协调人员；中型项目的 BIM 管理团队要设置 BIM 项目经理、专业负责人、平台负责人；小型项目的 BIM 管理团队只要设置 BIM 项目负责人即可。在建项目的专业性很强时，可设置相应的专业 BIM 小组，如机电 BIM 小组、钢构 BIM 小组、幕墙 BIM 小组、精装 BIM 小组等。BIM 管理团队的设置应与 BIM 应用的目标要求相一致，便于管理，提高效率，体现组织现代化。

2. 根据建设项目任务需要调整

根据 BIM 项目管理团队业务目标的变化，实行人员选聘进出，优化组合，及时调整，动态管理。

3. 适应建设项目实施的需要设置

BIM 项目管理团队人员配置可考虑专职或兼职（图 2-7 为某桥梁项目 BIM 团队人员配置），工作任务上满足非 BIM 工作与 BIM 工作相近，如负责深化设计工作，可以负责 BIM 深化设计，负责进度管理，可以负责 BIM4D 进度管控等。

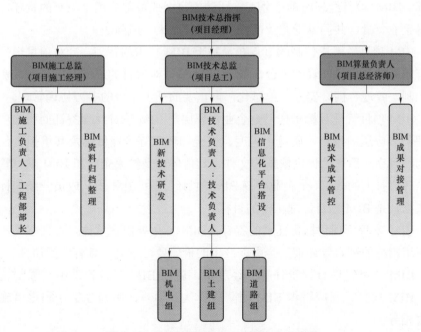

图 2-7 某桥梁项目 BIM 团队人员配置

2.3.2 团队成员职责

在项目实施过程中,建设单位或 BIM 咨询方针对 BIM 应用工作组建 BIM 团队，根据 BIM 实施目标，明确项目 BIM 需求，制定 BIM 建模标准、应用标准、进度安排、实施流程等。并通过 BIM 协同平台及项目例会等方式定期对项目进展、存在问题、下阶段计划、BIM 模型确认交底、技术讨论、成果评价等方面进行沟通交流。

团队成员根据项目目标和任务，监督和管理参建单位合同执行情况，及时解决需业主方解决的问题；充分挖掘项目 BIM 应用价值点，同时引导参建单位挖掘 BIM 应用价值点，过程中要求参建单位记录 BIM 对设计优化、施工优化产生的价值；监督各参建单位在协同管理平台要求上传的资料，问题责任人是否回复等流程的运行状态。

2.3.3 团队运营管理

在基于 BIM 的项目运营管理过程中，一般采用 BIM 项目经理责任制的形式。BIM 项目经理责任制中由 BIM 项目经理全面负责 BIM 管理团队全员管理，基于 BIM 技术的 BIM 管理团队是一个整体，只有共同协作管理才能达到预定目标。BIM 项目经理明确了分工，团队的每个成员都分担了应有的责任，人人对企业负责，共同享受企业的福利。责任越大，风险越大。

BIM 项目经理责任制的重点在于基于 BIM 技术的管理。针对项目选择切实有效的信息化协同管理平台，基于 BIM 模型对项目的进度、质量、投资进行控制，管理合同、安全、信息化，最重要的基于平台的多方协调管理。

BIM 项目管理目标责任书是企业管理层与 BIM 项目经理签订的明确项目管理团队应达的投资、质量、进度、安全和环境等管理目标及其承担责任并作为项目完成后审核评价依据的文件。具体体现是约束企业和 BIM 项目管理团队各自行为的规范，是企业考核 BIM 项目经理和 BIM 团队成员业绩的标准和依据，是 BIM 项目经理工作的目标。

BIM 项目管理目标责任书的签订，BIM 应用要内容具体，责任明确，各项应用指标的制定要详细、全面、产生的价值要可量化，具有可操作性。

BIM 项目管理目标责任书一经制定，就在 BIM 项目管理中起强制性作用。BIM 项目经理应组织 BIM 团队成员认真学习，明确分工，制定措施，监督指导。

2.4 基于 BIM 的技术应用

2.4.1 模型创建

BIM 应用的载体首先是 BIM 模型创建，根据后续应用的需要确定模型元素、信息的有无，模型在满足后续 BIM 应用需要的前提下，最好采用较低的模型优化度，节约人力与时间，并根据施工顺序将模型进行必要的保存、拆分、整合等处理。最后要对模型精度进行审核，确保后续应用建立在正确的基础上。

模型创建（图 2−8 为某口岸项目单体模型）的同时，仿佛是在电脑上完成工程项目的搭建，能够有效直观地对设计图纸进行核查，常见的问题有：① 构件信息不详，例如定位不详、尺寸信息不详、构件样式不详等；② 构件的缺失，例如梁的缺失、楼道内楼板的缺失、设备的缺失等；③ 构件的碰撞，例如结构之间碰撞（如图 2−9 为某口岸天桥与市政配套跨线桥结构发生冲突）、柱和门碰撞、水管与风管的碰撞等。建立 BZM 模型能有效地提前发现这些问题，出具问题清单（见图 2−10），为项目节约成本和工期都是很有利的。

图 2−8　某口岸项目单体模型

2.4.2 场地规划

施工场地布置伴随工程施工的整个过程，是工程项目顺利施工的前提，目前大部分公司还是利用传统的 CAD 二维平面布置图，其存在一定的缺点，

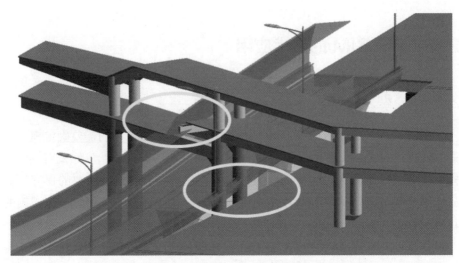

图 2-9 某口岸天桥与市政配套跨线桥结构发生冲突

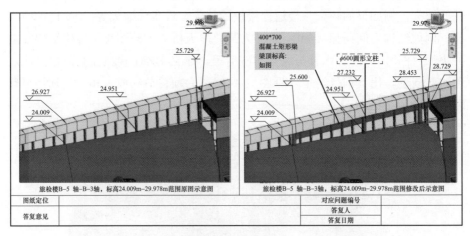

图 2-10 问题清单

例如：表现力不够强，并且布置不够灵活；单一的线条不能突出投标方在这场平布置上的优势。利用 BIM 技术可充分展示出现场堆场、场内道路、临建等设施的布置，对空间的展示更加合理可靠，比单独的二维平面图更具有说服力。同时通过三维场地布置，对平面布置方案进行梳理，不断调整各阶段的布置，使得各阶段的场平更加合理；以图片或视频形式展现出场地布置的动态，让业主对现场情况一目了然，省去了冗长的文字叙述。

在施工过程中，工程师需要利用施工场地各阶段平面布置图来组织策划各类资源的进场顺序和空间位置，从而对整个施工现场进行管理。基于 BIM

的场地规划具体实施方式为：在工程实施前，根据场地布置图，利用 BIM 技术将其进行三维可视化模拟，场地模型中主要包含物料堆场（见图 2-11）、材料加工区域（见图 2-12）、临时道路（见图 2-13）、临水临电、施工机械（见图 2-14）、施工区域、临时设施（见图 2-15）、设备及物料进出场方向、排水系统、消防系统管道及设备、样板区域（见图 2-16）等内容。同时利用场地模型对塔吊覆盖范围，土方运输等进行模拟，达到施工场地布局更加合理的目的。

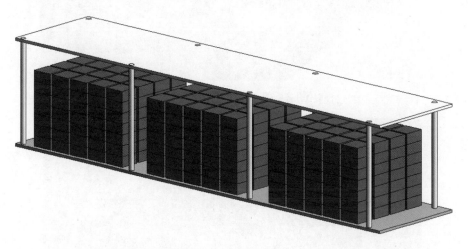

图 2-11　砌块堆场

图 2-12　钢筋加工棚

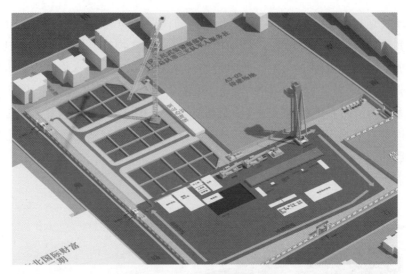

图 2-13　内部运输道路布置

图 2-14　垂直运输机械布置

2.4.3　深化设计

在模型创建和核查的基础上，运用 BIM 技术对模型进行优化，实现深化设计。我们可以从下面几个方面进行优化：结构方面的现浇混凝土结构梁柱位置几何尺寸的优化、预留预埋的深化设计（图 2-17 为某项目一次及二次结构的预留预埋深化）；预埋件附近钢筋绑扎的深化设计（图 2-18 为分析

图 2-15 临时设施

图 2-16 样板区域

钢筋节点主筋之间交叉关系，并进行分层处理）；模型中碰撞检查后的优化设计（见图 2-19）；建筑装饰方面的砌块自动排布的深化设计（见图 2-20）；建筑外立面美观性的深化设计、幕墙的深化设计（见图 2-21）；装饰装修深化设计（见图 2-22）等。机电方面根据规范及现场实际施工中专业管线间距要求，在软件进行碰撞检查间距设置，运行软件碰撞检查功能，自动查找不满足间距要求的管线，并生成碰撞报告，BIM 工程师根据碰撞报告提供解决方案，以书面报告的形式提交业主及设计院审查确认。根据报告回复内容，修改更新深化模型的现场净空优化设计模型（见图 2-23），设备房内对设备排布进行优化（见图 2-24）。

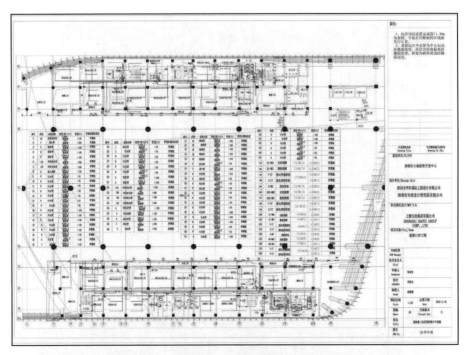

图 2-17　项目一次及二次结构的预留预埋深化

图 2-18　分析钢筋节点主筋之间交叉关系，并进行分层处理

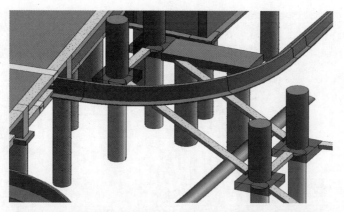

图2-19　某口岸连廊地梁与市政配套排水管和桥墩承台碰撞

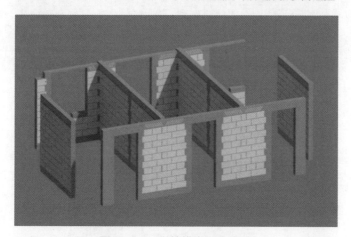

图2-20　砌筑排布深化设计

图2-21　建筑幕墙深化设计

图 2-22　建筑装饰深化设计

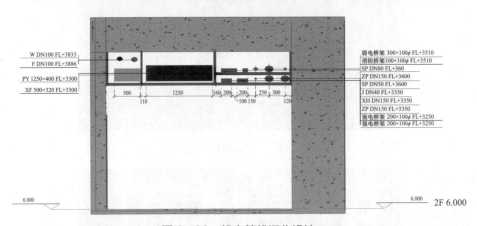

W DN100 FL+3833
F DN100 FL+3886
PY 1250×400 FL+3300
XF 500×320 FL+3300

500　　1250　　160 200　200　250 300
110　　　　　　　　100 150　　　120

弱电桥架 300×100ϕ FL+3510
消防桥架 100×100ϕ FL+3510
SP DN80 FL+360
ZP DN150 FL+3600
SP DN50 FL+3600
J DN40 FL+3350
XH DN150 FL+3350
ZP DN150 FL+3350
强电桥架 200×100ϕ FL+3250
强电桥架 200×100ϕ FL+3250

6.000
6.000　　2F 6.000

图 2-23　机电管线深化设计

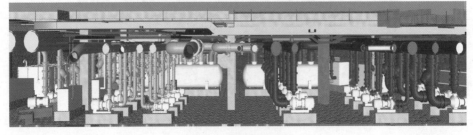

图 2-24　设备机房深化设计

2.4.4 预制加工

在一些特殊项目例如钢结构预拼装项目、装配式 PC 项目、管道预制项目等，常常具有复杂形态或不适合在施工现场制作，这时可利用 BIM 技术进行构件的深化（图 2-25 为 PC 构件深化设计）及预制拼装：首先建立 BIM 模型，对模型进行合理化的拆分成块或管道分段（见图 2-26），再将模型导入到自动加工设备进行预制加工（见图 2-27 和图 2-28），并将预制构件运输到现场进行拼接成型。例如：设备方面的通风空调管道的预制大有益处，可以减少现场焊接比例 55%，减少现场涂装比例 80%，从而为节省工期做出贡献。

图 2-25 PC 构件深化设计

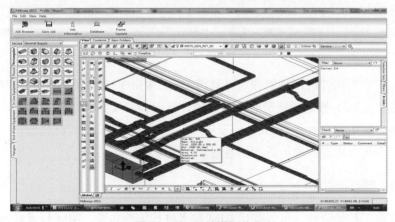

图 2-26 风管模型分段

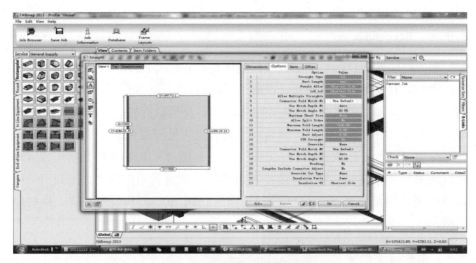

图 2-27　风管加工数据处理

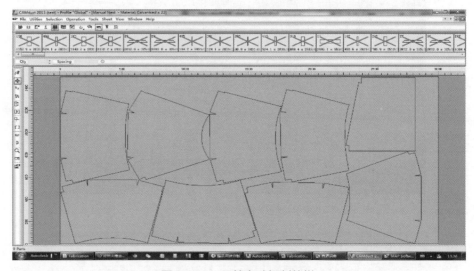

图 2-28　风管自动切割放样

对于预制构件的现场管理可以利用 Web、RFID、无线移动终端等技术，把预制、预加工等工厂制造的部件、构件从设计、采购、加工、运输、仓储到安装、使用的全过程与 BIM 模型集成，实现数据库化、可视化管理，避免任何一个环节出现问题给施工的进度和质量带来影响。

2.4.5　施工模拟

在施工初始阶段，可以利用 BIM 技术进行场地布置，BIM 技术能够将场内平面元素立体直观化，帮助我们进行各阶段场地布置策划，并综合考虑各阶段的场地转换，最终对布置情况进行场地优化，避免重复布置。图 2-29～图 2-32 为某项目不同施工阶段场地规划模拟。在施工过程中，对于一些复杂区域，可以利用 BIM 技术进行动画模拟，向现场工人进行技术交底，还有一些新工艺、新设备的技术交底都可以用 BIM 技术辅助完成。设备管道的安装顺序以及安装空间的保留、大型设备的吊装，也都可以通过 BIM 技术进行动画模拟，来确定可行性并优化施工过程。

图 2-29　基坑开挖场地规划

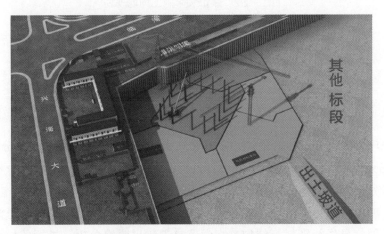

图 2-30　地下室施工场地规划

图 2-31　地上结构施工场地规划

图 2-32　装饰装修施工场地规划

2.5　基于 BIM 的管理应用

2.5.1　设计管理

在项目的方案设计阶段，使用 BIM 技术能进行造型、体量和空间分析（如图 2-33 为某酒店项目造型方案设计过程）外，还可以同时进行能耗分析和建造成本分析等，使得初期方案决策更具有科学性。

在项目的扩初设计阶段，建筑、结构、机电各专业建立 BIM 信息模型，利用模型信息进行能耗、结构、声学、热工、日照等分析，进行各种干涉检查和规范检查，以及进行工程量统计。

在项目的施工图设计阶段，从 BIM 信息模型中得到各专业图纸和统计报表。

利用协同设计平台，使各个专业在设计过程中进行信息共享，有效地简化沟通过程，降低设计冲突问题，提高设计的协调一致性，并实现 BIM 模型从设计阶段到施工阶段的沿用。

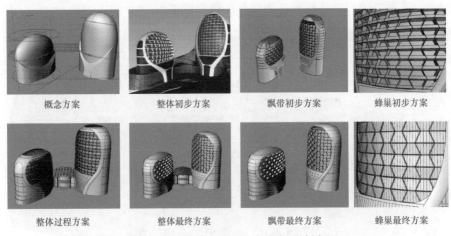

概念方案　　　　　整体初步方案　　　　飘带初步方案　　　　蜂巢初步方案

整体过程方案　　　　整体最终方案　　　　飘带最终方案　　　　蜂巢最终方案

图 2-33　某酒店项目造型方案设计过程

2.5.2　进度管理

利用 BIM 技术可进行项目施工的进度计划编制（见图 2-34），并进行优化。在进度控制 BIM 应用过程中，还应将实际的进度数据进行收集、整理，

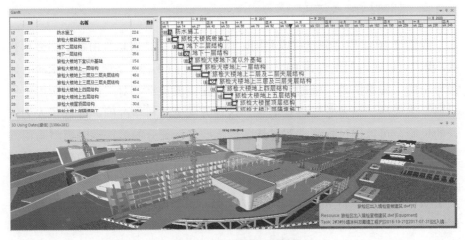

图 2-34　进度模拟管控

同编制的进度计划进行对比分析，总结经验，不断地调整进度计划，使之更符合实际情况、更适合当前项目。还可以利用 BIM 技术讲工作进行分解，根据项目的整体工程、单位工程、分部工程、分项工程、施工段、工序依次分解，将施工段与模型元素模型信息相关联，施工段同时与进度计划相关联，这样即使不在现场，也可以充分了解到现场的进度，再配合无人机进行航拍佐证（见图 2-35），这样很方便进行汇报进度工作。

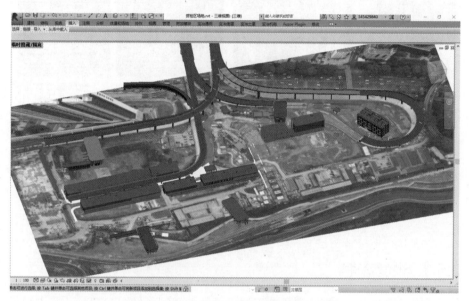

图 2-35　基于无人机快速监控现场进度

2.5.3　预算与成本管理

我们将 BIM 模型创建完成并同时添加相应信息，信息是由各个构件承载的，我们可以通过明细表等 BIM 手段进行算量。图 2-36 是通过采用 Revit 建模导出的工程量清单，辅助编制本工程的施工图预算，对工程施工所用工程材料、半成品、设备总量进行汇总。这种方法更加科学准确、降低了人为错误的风险，可以通过模型按照过滤条件提取目标部分的量，同时模型与明细表一一对应，一旦出现变更调整，对模型进行修改，明细表中的数据自动更新，不用进行重复操作。BIM 技术在控制成本核算方面也有着显著的优势，基于项目的 5D 平台，将单位工程量人、材、机单价为主要数据输入实际成本 BIM 中，未确定的可以暂由预算价输入。实际成本数据产生后及时替换。这样基于 BIM5D 数据库，汇总分析能力大大加强，工作量小效率高。

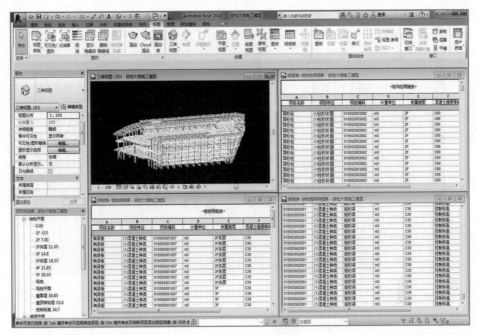

图 2-36 工程量提取

2.5.4 质量与安全管理

1. 安全管理

BIM 在安全文明生产方面的应用主要体现在施工准备阶段的安全规划、安全技术交底及施工过程中的危险源识别、安全风险分析、安全措施制定、安全文明标准构件预制、"四节一环保"措施制定及结合相关技术对工程项目安全文明生产及绿色施工实施进行监控管理。

（1）安全技术体系是指建筑工程施工过程中安全技术工作领域的安全文明施工、安全限控、安全保险、安全保护（图 2-37 为某安全措施构件）和安全排险与救助技术这五个基础性的技术环节。BIM 技术在安全技术体系的应用主要体现在通过安全管理模型的创建，利用 BIM 技术辅助安全文明施工技术措施的编制、容易出问题的环节部位的限控、安全保险技术措施的编制以及科学排险措施的制定等内容。

（2）在安全文明施工技术措施编制时，宜通过模型验证技术措施的可行性，并将技术措施的实施方法以模型的形式直观体现。

（3）在安全限控策划时，宜应用 BIM 技术识别项目实施过程中可能存在的危险源，对如限高、限位、限速、限荷载、限变形、限构造尺寸、限装置

图2-37 安全措施构件

状态、限使用条件和限操作程序等部位进行排查并通过项目整体模型进行直观体现。

（4）在安全保险技术措施的编制时，宜应用 BIM 技术进行安全事故预演（图2-38 为安全事故体验区），针对事故的伤害物进行制止运作并减少伤害物的伤害程度，以预防、强制的手段规避施工安全事故。

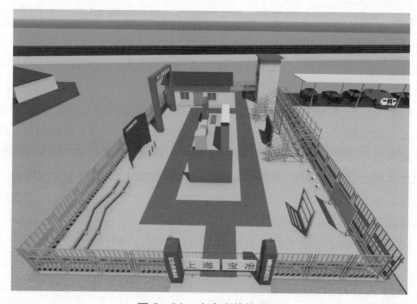

图2-38 安全事故体验区

（5）在科学排险措施的制定时，宜利用模型对相应措施进行汇总和展示，为科学排险措施持续改进提供参考和依据。

2. 质量管理

（1）质量管理是为了通过监视质量形成过程，消除质量环上所有阶段引起不合格或不满意效果的因素，以达到质量要求，获取经济效益，而采用的各种质量作业技术和活动。这项工作的主要内容包括：项目质量实际情况的度量、项目质量实际与项目质量标准的比较、项目质量误差与问题的确认、项目质量问题的原因分析和采取纠偏措施以消除质量差距与问题等一系列活动。BIM 在质量控制措施中的应用主要体现在通过质量管理模型的创建，制定质量控制程序（见图 2-39）、各阶段质量控制措施、各施工要素质量控制措施、重点工序质量控制措施等内容。

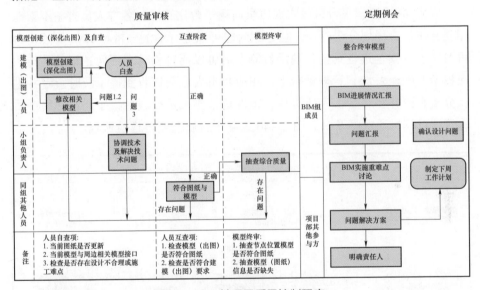

图 2-39 某项目质量控制程序

（2）在制定质量控制程序时，宜应用 BIM 技术基于平台建立质量管理数据库，通过数据库中的文档流程反应质量控制程序，验证程序运转的合理性，实现质量控制的无纸化办公。

（3）在制定各阶段质量控制措施时，宜应用 BIM 技术进行工程项目施工准备阶段、施工过程阶段、质量自检验收阶段的识别，通过模型进行预警提醒，确保成品保护质量及作业面交接顺利，并将施工周期内的质量资料通过数据库进行存储。

（4）在制定各施工要素质量控制措施时，宜应用 BIM 技术进行质量控制样板模型的制作，通过模型进行基础数据的复核监测，识别施工中易发生质量事故的错误操作，并通过模型于现场实物材料关联的方式严格控制材料质量。

（5）在制定重点工序质量控制措施时，宜应用 BIM 技术进行工序模拟，确保工序的可行性并以可视化的形式体现施工测量、钢筋工程、模板工程、混凝土工程、砌筑工程、预埋管件预留孔洞、给排水工程等的质量控制要点，并通过现场监测的形式对比现场实际操作工序与模拟工序，自动报告质量控制错误点。

（6）在确定质量验收计划时，宜应用 BIM 技术通过模型针对整个工程确定质量验收计划，并将验收检查点附加或关联到对应的构件模型元素或构件模型元素组合上。

应用 BIM 管理平台可以实现质量问题平台化管理，各方人员有条不紊地相互合作，责任划分明确，一旦遇到问题可以进行追溯分析。BIM 管理平台可对质量、安全进行管控，现场检测人员可以通过移动端将问题记录并与相应模型匹配，发送到管理平台上，相应负责人也会接收到提示及时查看并进行分析整改并在平台上完成报检，待现场检测人员核查后给予通过，整个质量管理过程沟通顺畅及时。图 2-40 为某平台质量安全巡检流程。

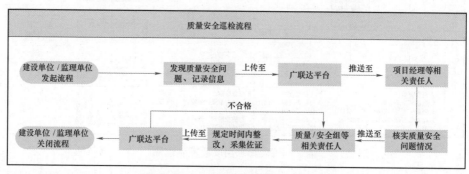

图 2-40　某平台质量安全巡检流程

2.6　基于 BIM 的专项应用

2.6.1　基坑工程

BIM 技术在基坑工程的应用目标是：通过创建基坑的 BIM 模型，打破基坑设计、施工和检测之间的传统隔阂，直观体现项目全貌，实现多方无障碍的信息共享，让不同团队可以同一环境工作。通过三维可视化沟通，全面评估基坑工程，使管理决策更科学，采取措施更有效，并加强管理团队对成本、进度计划及质量的直观控制，提高工作效率，降低差错率，节约投资。

BIM 技术在基坑工程中的应用内容主要包括：

（1）结合基坑支护施工图以及基坑影响范围内建（构）筑物创建详尽的 BIM 基坑模型及场地模型（见图 2-41），通过模型反映地下结构的详细情况，包括基坑平面尺寸，地下结构层数、结构类型、基础形式、工程桩类型、坑壁土构成、坑底土层类型，工程场地标高、基底标高、±0.000 绝对标高以及开挖深度（当有不同开挖深度时，应说明所涉及的范围及深度）等。

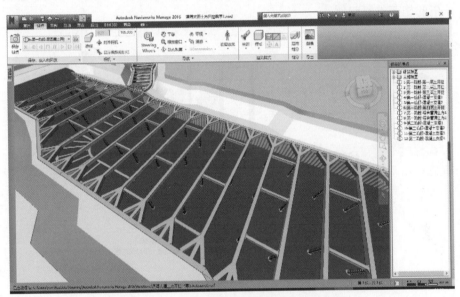

图 2-41　某市政工程基坑支护方案模型

（2）创建基坑影响范围内存在的各类地上、地下综合管线模型，反映其与基坑的相互位置关系。

（3）环境要素与基坑距离及位置关系应详尽、清晰，明确展现基坑及场地 BIM 模型上，并结合模型汇总分类形成《周边环境查勘表》，必要时应辅以相关大样图做进一步说明。

2.6.2　砌体工程

在施工现场常规作业中，砌体工程砌筑作业施工前通常绘制砌筑的排砖

图并进行砌筑材料统计，以便材料进场和现场施工组织。由于基于二维图纸
的砌块排布和材料统计需要大量的时间和精力，在工期紧张的情况下，现场
实际只会进行一些样板区或者标准层的砌体排砖，材料统计方面也不够精细，
造成现场施工和材料的管理没有精确的数据依据，进而造成施工质量的降低
和材料损耗的增加。

　　基于 BIM 技术的砌体工程深化设计是在砌体工程施工前，根据设计要求，
在考虑门洞、窗洞等碰撞情况下进行构造柱、圈梁、过梁等构件的深化设计
（见图 2-42），并结合机电安装方案对预留孔洞进行深化设计，在出具砌体工
程排布图指导现场施工的同时明确项目各区域各类规格砌体使用量，辅助项
目管理人员有效制定砌体运输堆放方案，减少因施工界面不同导致不同作业
队伍的施工重复问题。

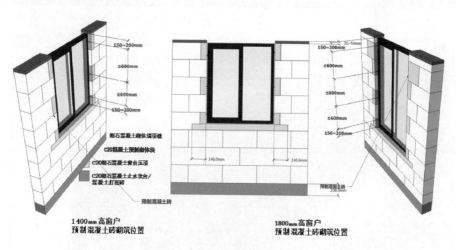

图 2-42　砌体工程深化设计

2.6.3　模板工程

　　工程项目中模板安装通常采用现场散拼，模板损耗因班组操作和项目部
管理水平不同存在较大差异，普遍现象是没有优化的配模方案，主要来自个
人或团队的工程经验。BIM 技术在模板工程中的应用主要从以下几个方面
进行：

　　（1）根据工程概况选择模板类型，利用 BIM 技术对主体结构进行配模，
生成多种方案进行比选。

　　（2）利用 BIM 技术根据配模方案进行结构安全性验算，验算模板的强度

和刚度、小楞（横楞）的强度和刚度、大楞（纵楞）的强度和刚度、支架立杆的稳定性和压缩变形值验算以及扣件抗滑、对拉螺栓选择等。

（3）根据安全性验算结果选择最优配模方案，基于 BIM 模型导出配模施工图以及工程量清单。

（4）通过 BIM 模型展示填土、检验土质、分层铺摊填土、填土压实、拉线找平等一系列工艺要点。

（5）利用 BIM 技术模拟各类构件模板施工工艺流程，检验其合理性并作出相应优化。

（6）通过 BIM 模型展示工程项目模板施工的施工要点，检验其合理性并作出相应优化。

（7）利用 BIM 技术对工程项目模板施工的质量实施监控。

2.6.4 脚手架工程

当前的脚手架工程施工由于缺少成熟、系统的设计理论，施工规范过于笼统，施工过程又存在许多不确定因素，并缺少配套的施工检测手段，因而基本处于一种定性的经验式的施工水平，尤其在超高模板脚手架、重载大跨框架梁施工中，施工结构的安全问题尤其突出。利用脚手架三维模型（图 2-43 为某斜柱施工满堂钢管脚手架支撑体系）可真实还原施工现场情况，从而进行定点检测，验算模拟，可大大降低事故点的风险。其主要优势有：

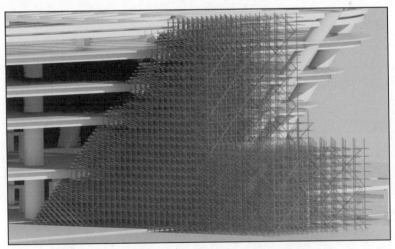

图 2-43 某斜柱施工满堂钢管脚手架支撑体系

（1）结合 BIM 模型通过 Revit 软件精确统计脚手架各种规格管材用量、

扣件用量、脚手板用量等材料用量，使预算人员能更准确地了解所需材料的量，实现现场材料的精细化管理，便于后期的其他工作顺利实施。

（2）基于 BIM 模型可以使各方人员直观地了解现场实际情况，使各方都能提出自己的意见和建议，从而进行脚手架布置验算、用量优化，并提供精确下料加工图，并能提供优化方案。

（3）通过软件进行真实的模板脚手架三维搭设，并可任意部位剖切，输出施工详图。用模型指导脚手架的搭设，可同时提高施工人员和管理人员的效率，同时避免突发事件的发生。

（4）对脚手架支护体系进行三维模型创建，可以实现脚手架三维搭设设计、模板及支架三维模拟搭建设计、施工详图设计、专项方案编制、模板脚手架精确算量、移动现场交底等功能。提升模板脚手架施工效率，节约材料避免浪费，使方案策划、技术交底、材料加工等工作均可在三维可视的效果下进行，减小沟通难度。最后对钢管、扣件等材料用量进行统计。

2.6.5　钢结构工程

钢结构工程包括深化设计（见图 2-44）、材料管理、构件制造和项目安装四个阶段，各阶段按照管理需要划分为若干个子阶段（如构件制造阶段又可以划分为零件加工、构件加工等子阶段），每个（子）阶段又可以划分为若干个工序（如图纸审核、材料采购、下料、组立、装配、运输、现场验收、吊装等）。

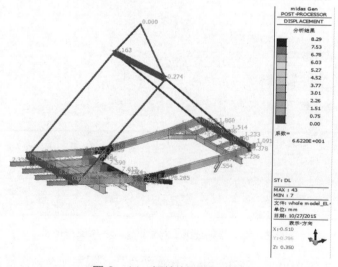

图 2-44　钢结构深化设计

　　钢结构施工 BIM 应用的核心价值之一就是要解决施工各阶段的协同作业和信息共享问题。使不同岗位的工程人员可以从施工过程模型中获取、更新和本岗位相关的信息，既能指导实际工作，又能将相应工作的成果更新到模型中，使工作人员对钢结构施工信息做出正确理解和高效共享，起到提升钢结构施工管理水平的作用。

　　应用 BIM 技术，是钢结构工程管理发展的必然趋势。钢结构工程 BIM 应用的目标是：通过信息化的技术手段和管理方法，对钢结构项目进行高效率的计划、组织、控制，实现全过程的动态管理和项目目标的综合协调与优化，进一步采取科学、合理、系统的管理方法来调配各分支资源，打破信息壁垒，建立充分的信息共享机制。图 2-45 为基于平台的钢结构工程管理流程。

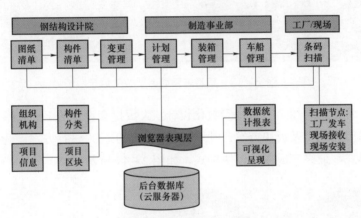

图 2-45　基于平台的钢结构工程管理流程

2.6.6　幕墙工程

　　随着设计方法和设计理念的革新以及施工技术的进步，建筑幕墙从简单化、规整化向多元化、复杂化发展，传统的二维设计方法无法满足复杂建筑幕墙的方案设计、放线定位、材料下单等要求。如今，借助 BIM 技术可以很好地解决传统二维设计无法解决的问题。

　　以某酒店幕墙工程设计为例。

　　（1）设计阶段，通过参数化的手段生成多种整体及重要节点幕墙方案，结合场地环境、建筑光照，风向、结构受力，室内空间等因素，并借助 VR 技术进行体验式地模拟多种建筑方案，确定建筑外立面及幕墙的最终方案（见图 2-46）。

图 2-46 某酒店幕墙造型 VR 展示

（2）同时，采用全方位地参数化设计，大大提高设计的工作效率及质量。针对中庭屋面造型及板块方案，利用参数化设计手段，进行方案比选，从 10 种板块样式，最终变成 3 种板块样式，如图 2-47 所示。

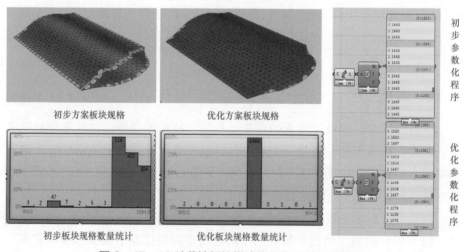

初步方案板块规格　　　　优化方案板块规格

初步板块规格数量统计　　　优化板块规格数量统计

图 2-47 10 种幕墙板块样式优化为 3 种板块样式

（3）通过 grasshopper 进行幕墙蜂巢部分的参数化设置，并通过拉杆对蜂巢大小、造型、尺寸等进行驱动，在设计阶段对蜂巢形式进行模块化设计，实现造型推敲、快速成型及整体设计，提高设计效率，如图 2-48 所示。

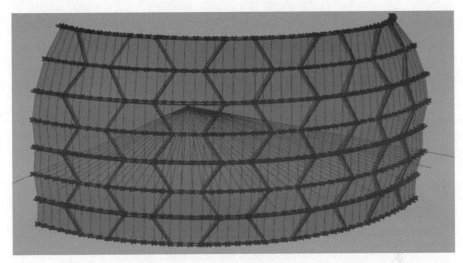

图 2-48　通过 grasshopper 实现造型快速成型及整体设计

（4）基于外立面及幕墙方案，依次进行结构楼层、楼板、墙、柱、梁的三维分割及设计，逐步形成设计成果，如图 2-49 所示。

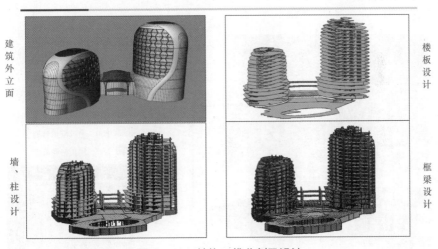

图 2-49　结构三维分割及设计

（5）运用 BIM 技术，颠覆了传统由二维图纸到三维模型的设计流程，直接由 BIM 模型设计、深化。通过对 BIM 模型的切割、提取、拍平、重新生成，生成建筑幕墙的二维平立面图纸，如图 2-50 所示。

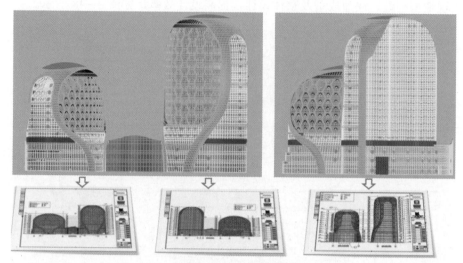

图 2-50 通过 BIM 模型生成幕墙二维图纸

（6）基于方案阶段表皮模型，对各个不同幕墙系统进行颜色区分（见图 2-51），以及对各个幕墙系统进行模数化分格划分，在满足建筑设计理念的同时，保证材料板块满足规范要求，受力计算及可加工性，同时尽量控制减少板块的模数。

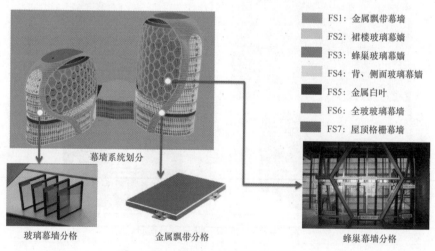

图 2-51 不同幕墙系统进行颜色区分

（7）利用 grasshopper 将蜂巢部分定位节点以及分割节点坐标进行提取，将定位点的信息传递给下游的节点深化设计，如图 2-52 所示。

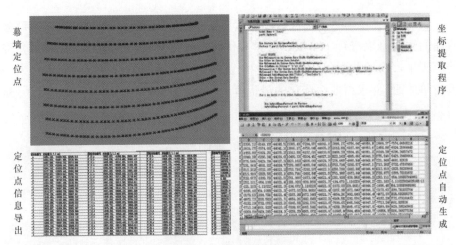

幕墙定位点

坐标提取程序

定位点信息导出

定位点自动生成

图 2-52　幕墙定位点提取

（8）通过提取蜂巢部分幕墙空间曲线线模，利用 Catia 软件基于蜂巢部分骨架线进行相应幕墙节点实例化（见图 2-53），这种自顶向下的设计模式有一个很大的优势，整个模型是基于骨架线生成，当调整骨架线模后，无须重新实例化模型，模型跟着骨架线一同改变。基于软件批量导出各个型材和铝板的规格及切角的角度、尺寸，方便后续加工。

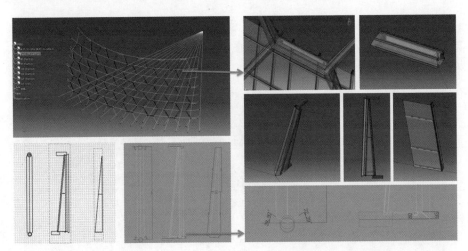

图 2-53　幕墙节点实例化

（9）由于蜂巢部分每一层的板边线进出位均不相同，蜂巢部分玻璃幕墙每一根龙骨的切角也都不相同，利用参数化的手段批量导出每根龙骨的切角图纸，方便后续深化节点以及现场龙骨加工。

（10）由于金属飘带铝板幕墙为双曲面幕墙，加工成本较高，对飘带部分双曲面铝板幕墙进行了平板以及单曲优化。通过分析曲面特性，在误差允许的范围下，将双曲面优化为平面，在误差允许的范围下，将双曲面优化为平板及单曲面，并求得曲面优化的最优解，并批量出具相应的展开图，如图 2-54 所示。

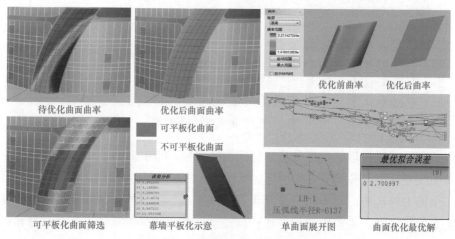

待优化曲面曲率　　优化后曲面曲率

优化前曲率　　优化后曲率

可平板化曲面
不可平板化曲面

可平板化曲面筛选　　幕墙平板化示意　　单曲面展开图　　曲面优化最优解

图 2-54　金属飘带幕墙优化设计

（11）在材料板块满足规范要求，受力计算及可加工性前提下，尽量控制减少板块的模数及展开的规整性（见图 2-55），保证工厂加工时材料的最大利用率，节约成本。

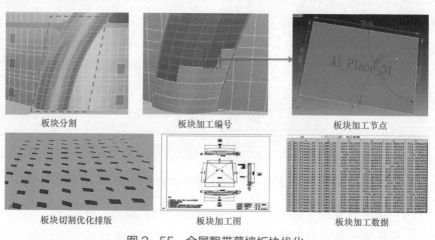

板块分割　　板块加工编号　　板块加工节点

板块切割优化排版　　板块加工图　　板块加工数据

图 2-55　金属飘带幕墙板块优化

（12）对于金属飘带幕墙系统的主次龙骨，在满足设计要求的情况下优化龙骨排布，快速地拾取定位数据，并出具龙骨平面定位图以及龙骨下料图。

（13）针对幕墙安装及搭临设施等节点，检测节点设计的合理性及造型美观性，并进行可视化施工技术交底（见图 2-56），提升施工质量及项目管理水平。

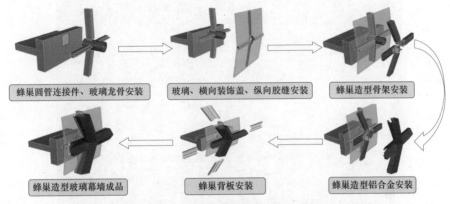

图 2-56　幕墙安装可视化施工交底

2.6.7　装饰装修工程

作为工程项目交付使用前的最后一道环节，装饰装修工程往往是各专业分包协调的中心，其涉及的材料种类繁多，表现形式多样，在 BIM 应用上具有鲜明的特点。装饰装修工程深化设计应遵循适度性原则，在满足工程项目实际需求的前提下进行适度的应用。应基于 BIM 模型添加装饰装修信息，结合设计方案对装修区域进行地砖、吊顶、设备末端等进行深化，并结合 VR 终端设备，对项目装修效果、样板间进行虚拟展示（见图 2-57），提供多种方案供业主进行选择，确保装修方案的施工合理表达。为业主和用户提供参考。其主要应用方面有：

（1）装修方案可行性检查。通过装修模型提前暴露碰撞、遗漏等图纸问题，加快变更进度，避免影响现场施工。

（2）装修方案可视化对比。对于如地面瓷砖全层对缝拼接方案与单间对缝拼接方案，瓷砖踢脚线方案与乳胶漆踢脚线方案，墙面瓷砖竖贴方案与横贴方案等进行可视化对比。提高各方沟通效率，减少现场样板施工，加快整体进度。

（3）装修方案统计算量。应用装修模型快速统计装修方案工程量，对坡屋顶等传统二维方式难以精确表达的部分，做到精确快速排布。

（4）装修机电末端深化。以深化完成后的天花吊顶模型为基础，对灯具、烟感、送风口等机电末端进行优化排布，在保证施工可行性的前提下美观布置。出图注明机电末端与天花吊顶的相对位置，指导现场安装测量工作。

图 2-57　VR 精装虚拟漫游

建设方基于 BIM 的工期、投资、质量三要素管理

3.1 工期管理应用

3.1.1 前期策划应用

业主投资一个建设项目时，总想得到预期的产品，获得最大的收益，但从过去几十年的建设经验实践来看，一些业主往往在项目实施过程中及后期使用过程中表现出诸多不满。究其原因是多方面的，其中忽视对建设项目前期策划的研究及缺乏有效的项目前期策划方法是一个极其重要的因素。

现代项目业主的要求和水准不断提高，业主以及项目管理者总是希望在投资决策之前能够充分理解并判断项目策划的假设前提和依据，对整个项目及其建设过程有充分全面的了解，对项目的目标、功能以及工程的实施和管理有清晰的图景和一个可以预测项目实施过程及其结果的实时漫游。但是，在项目前期的策划阶段，所策划的项目尚不存在，又不可能将项目在真实系统中进行实体试验，工程一旦上马动工实施，在建成以后又不可能因对工程的不满意而推倒重来。正是建设项目的这些自身单件性、功能多样性和不确定因素干扰等特点导致了传统方法在项目前期很难对项目散出准确、确定性的描述，总结之，现存的前期策划问题主要有：

（1）对项目环境缺乏足够的调查分析，造成决策失误；

（2）项目定义不明确，造成项目实施中的反复；

（3）缺乏对设计有施工的有效管理；

（4）工程建成后的经营管理和物业管理不善。

为解决这些问题，本书提出运用 BIM 进行前期策划。BIM 是对工程项目

设施实体与功能特性的数字化、参数化表达，可以持续、即时地提供有关项目的各种实时数据，且完整可靠。

BIM 模型由很多元素构成，每个元素都包括基本数据和附属数据两个部分，基本数据是对模型本身的特征及属性的描述，是模型元素本身所固有的，如地质条件、建筑的结构特征、建筑面积等；而附属收据是包括了与模型元素直接或间接相关联的、除了模型元素本身特性之外的技术、经济、管理等各方面的信息和资料，如人口密度、城市经纪机构等。

由于模型元素都是参数化和可计算的，因此可以基于模型信息进行各种分析和计算，从而有效提高前期策划的准确度和精度。

前期策划中，BIM 能实现集成管理和全生命周期管理。BIM 以建筑产品为中心，其技术数据核心层能够为建设工程不同领域的数据模型提供统一的数据架构；为不同领域的数据交换提供总体指导；为各专业之间的信息交流提供平台。另外，运用 BIM 技术，业主能在建设项目全生命周期内综合考虑各种问题，使得总体目标达到最优，如在工程竣工后交付使用阶段，BIM 还能为业主、最终用户、物业管理方等提供一些后期总结数据，便于其管理。具体操作方法如下：

首先在系统形成 3D 模型，前期参与各方对该三维模型进行全面的模拟，业主能够在工程建设前就直观地看到拟建项目所展示的建筑总体规划、选址环境、单体总貌、平立面分布、景观表现等的虚拟现实；然后，BIM 从 3D 模型的创建功能发展出 4D（3D+时间或进度）建造模拟功能和 5D（4D 加开销或造价）施工的造价功能，让业主能够相对准确地预见到施工的开销花费与建设的时间进度，并预测项目在不同环境和各种不确定因素作用下的成本、质量、产出等变化；据此，业主就可对不同方案进行借鉴优化，并及时提出修改，最终选定一个较为满意的策划方案。

在前期策划中应用 BIM 能够加快决策进度，提高决策质量，大大减少建设过程中的工程变更，也使前期成本估算更加精确，同时还可惠及将来的运作、维护和设施管理，进而可持续地节省费用。

3.1.2 进度对比分析

进度控制是项目三大控制目标之一，在建设项目中有着举足轻重的作用。它不仅是通过一系列控制手段合理安排进度，保证工程的按期完工，更是为项目的成本、物资、质量、安全控制赋予了时间维度，按照项目的进展和工序的搭接情况，进行全面的项目控制。然而随着建筑业的不断发展，现有的进度控制软件和进度管理方法已无法满足日益复杂化、大型化且参与者众多的建设项目的要求。BIM 技术的出现和发展为建设项目进度控制提供了新的方法。

1. BIM 项目进度计划分析

（1）基于 BIM 进度管理工作分解及计划编制。通过总进度计划、二级进度计划、周进度计划、日常工作编制流程后，项目进度计划还需结合作业工期、各工序间逻辑关系、资源配置、成本估算及预算设定等条件制定，利用 Project、P6 等进度计划工具完成总进度计划的编制，再结合模型数据、工程量等逐一估计作业时间及各工序间的逻辑关系。

将 BIM 模型构建与作业工期估算值相关联、分配各工序间逻辑关系，同时赋予模型构件详细信息，如计划起止时间、资源分配（人工资源、材料资源等）、作业成本等，在项目模拟及实施过程中便可比较实际费用与预算费用，随时调整项目计划，监控支出。图 3-1 为某项目总体进度计划。

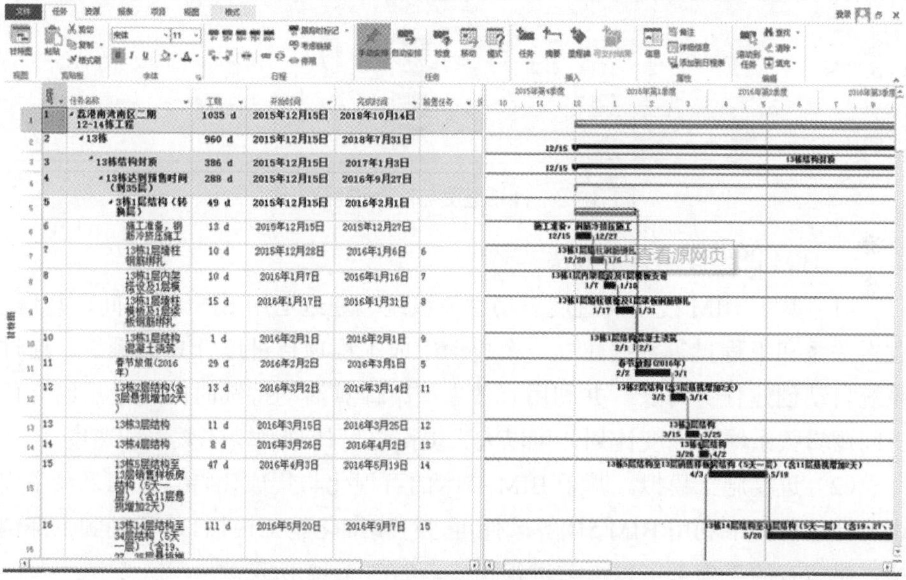

图 3-1　某项目总体进度计划

（2）计划分析与目标建立。进度计划初步完成后，需对计划从最小工作分级别划分，对资源分配、作业工期、施工工序、施工工序限制条件等内容进行分析，以确定计划合理性。

在 BIM 进度管理系统中可在进度视图中直接对工作进行模拟仿真，能够更形象地展示工作进展，发现工作间逻辑关系的合理性。同时在模型完成各级进度计划的关联后，每一项工作均已分配了相关预算，可直观反映预算费用与实际支出的偏差。当出现较大偏差时，可过滤不相关构件，选择相关工作进行单独分析比较，找出引起较大偏差的原因。同理，经多方面分析协调后的各级进度计划，可作为相应目标计划用于进度控制，用来比较实际施工进展情况，如图 3-2 所示。

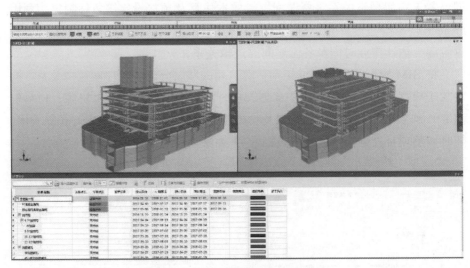

图 3-2　计划进度与实际进度对比

2. BIM 进度控制分析方法

（1）基于 BIM 技术的进度自动生成系统。通过运用 BIM 中空间、几何、逻辑关系和工程量等数据建立一个自动生成工程项目进度计划的系统。通过系统自动创建任务时长，并利用有效生产率计算活动持续时间，最后结合任务间逻辑关系输出进度计划，可以大大提高进度计划制定的效率和速度。

（2）进度施工模拟。基于 BIM 技术的可视化与集成化特点，在已经生成进度计划前提下利用 BIM 5D 等软件可进行精细化施工模拟。从基础到上部结构，对所有的工序都可以提前进行预演，如图 3-3 所示。

通过软件进行碰撞检查，将项目中管线密集处，通过管线综合应用调整空间布局以达到业主要求，如图 3-4 所示。此应用可以提前找出方案和组织设计中的问题，进行修改优化，实现空间高利用率、提高效益的目的。

（3）实现进度计划动态管理和修改纠偏。基于 BIM 技术的进度控制系统，实现进度计划的动态管理与联动修改。进度计划编制中每项任务都有独一无

图 3-3 某住宅小区施工进度模拟

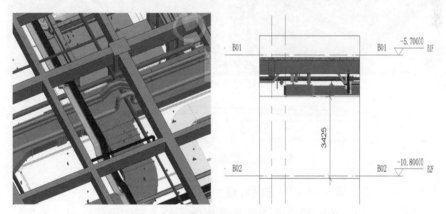

图 3-4 某项目管线密集处的管线综合应用

二的项目编码，这样就可以与 3D 实体模型的 ID 以特定规则链接，当出现工程变更时可以将变更信息联动传递到进度管理系统；当需要修改进度信息时，3D 模型信息与资源需求量也会相应改变。

3.1.3 进度方案模拟

1. 构建基于 BIM 的 5D 模型

在 BIM5D 软件中导入已建立完成的 Revit 模型，并以其作为 5D 信息模型的基础。作为基本信息模型，主要在于建筑物的三维几何信息，如构件实体的几何尺寸、空间位置以及空间关系等，此外还包括工程项目的类型、名称、用途、建设单位等基本工程信息。

5D 虚拟建造技术，其原理是为 3D 建筑信息模型附加上时间维度与费用指标，从而构成 5D 模拟动画，如图 3-5 所示。通过在计算机上建立模型并借助于各种可视化设备对项目进行虚拟描述。此模型在施工过程中可以应用到进度管理和施工现场管理的多个方面，在进度管理上主要表现为可视化功能、监控功能、记录功能、进度状态报告功能和计划的调整预测功能。

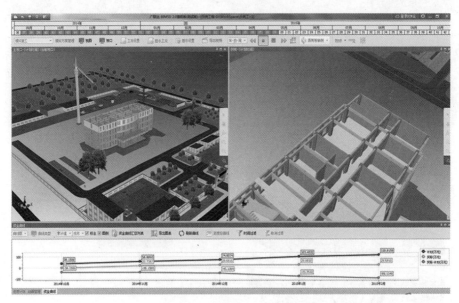

图 3-5　某项目 5D 模型

2. 5D 施工管理系统中的进度管理

5D 施工管理系统的应用，为管理者提供了相关管理操作界面与工具层。利用该系统，操作人员可制定相应的施工进度计划、施工现场布置、资源配置等，从而实现施工进展、施工现场布置的可视化模拟，以及对项目进度、综合资源的动态控制和管理。5D 施工进度管理使用以下实现方法：

（1）利用进度管理软件管理界面，可以控制并调整进度计划。如果平台中的进度计划被修改，5D 施工模型也会随之自动调整，不仅能够用横道图、网络图等二维平面来表示，还可以运用三维模型方式进行动态呈现。

（2）在 BIM 软件操作界面中，可实现 5D 的施工动态管理，对未能按工期完成的工序使用不同的颜色来标注，从而实时监督任意起止时间、时间段或工程段的施工进度，查看任意构件、构件单元或工程段等的施工状态与工程属性，进行适当的修改，系统即会自动调整进度数据库和进度计划，并即时更新呈现 5D 图像最终实现了基于进度计划的资源动态管理。

3. 引入 BIM 前后管理的差异

基于 BIM 的虚拟施工，其施工本身不消耗施工资源，却可以根据可视化效果看到并了解施工的过程和结果，可以较大程度地降低返工成本和管理成本，降低风险，增强管理者对施工过程的控制能力。

（1）流程方面。BIM 建立了一种三维设计理念，它是建立在平面和二维设计的基础上，让设计目标更立体化更形象化。BIM 提供了可视化的思路，让人们将以往的线条式的构件形成一种三维的立体实物图形展示在人们的面前。运用 BIM 技术创建的虚拟建筑模型包含了建筑的所有信息，将这个虚拟建筑模型导入建筑能耗分析软件中，可以自动识别、转换并分析模型中包含的大量建筑数据信息，从而方便快捷地得到建筑能耗分析结果，以满足日益复杂的建筑功能需求。

（2）协调性方面。在设计时，往往由于各专业设计师之间的沟通不到位，而出现各种专业之间的碰撞问题。例如暖通等专业中的管道在进行布置时，由于施工图纸是各自绘制，真正施工过程中，可能在布置管线时正好在此处有结构设计的梁等构件，从而妨碍着管线的布置，这种就是施工中常遇到的碰撞问题。BIM 的协调性服务就可以帮助处理这种问题，也就是说 BIM 建筑信息模型可在建筑物建造前期对各专业的碰撞问题进行协调，生成协调数据提供出来。当然 BIM 的协调作用也并不是只能解决各专业间的碰撞问题，它还可以解决例如电梯井布置与其他设计布置及净空要求之协调，防火分区与其他设计布置之协调，地下排水布置与其他设计布置之协调等。

（3）可视化效果方面。对于建筑行业来说，可视化的作用是非常大的，特别是近几年建筑形式更加多样，复杂造型不断推出，光靠人脑去想象的就有点不太现实了。利用 BIM 技术，可将以往的线条式的构件形成一种三维的立体实物图形展示在人们的面前。在 BIM 模型中，整个过程都是可视化的，可视化的不仅可以用来展示效果图及报表的生成，更重要的是，项目设计、建造、运营过程中的沟通、讨论、决策都在可视化的状态下进行。

（4）模拟性。模拟性并不是只能模拟设计出的建筑物模型，还可以模拟不能够在真实世界中进行操作的事物。施工阶段可以进行 4D 模拟（三维模型加项目的发展时间），也就是根据施工的组织设计模拟实际施工，从而来确定合理的施工方案来指导施工。同时还可以进行 5D 模拟（基于 3D 模型的造价控制），从而来实现成本控制；后期运营阶段可以模拟日常紧急情况的处理方式的模拟，例如地震人员逃生模拟及消防人员疏散模拟等。

（5）优化性。基于 BIM 的优化可以做下面的工作：

　　1）项目方案优化：把项目设计和投资回报分析结合起来，设计变化对投资回报的影响可以实时计算出来；这样业主对设计方案的选择就不会主要停留在对形状的评价上，而更多地可以使得业主知道哪种项目设计方案更有利于自身的需求。

　　2）特殊项目的设计优化：例如裙楼、幕墙、屋顶、大空间到处可以看到异形设计，这些内容看起来占整个建筑的比例不大，但是占投资和工作量的比例和前者相比却往往要大得多，而且通常也是施工难度比较大和施工问题比较多的地方，对这些内容的设计施工方案进行优化，能够显著缩短工期和节约造价。

3.2　投资管理应用

3.2.1　BIM 算量结合

1. 基于 BIM 的算量方式

　　我国传统的工程量计算方式主要有手工识图计算、Excel 表格计算以及三维算量软件计算。这三种工程量计算方式都是依据二维蓝图或电子版 CAD 图纸，手工或利用算量软件创建算量模型来计算工程量。手工计算工程量与 Excel 表格计算工程量均会花费造价人员大量的时间与精力，且容易出现人为错误；三维算量软件虽然在工程量计算的精度与速度上有了巨大进步，但三维算量模型的创建仍需耗费造价人员大量工作时间，且软件模型创建能力有限，还无法实现全图纸工程量计算，如桩基础工程、精装修、复杂节点等，部分工程量仍需造价人员花费大量时间手工计算。

　　建筑信息模型（BIM）的出现，有效解决了传统工程量计算方式存在的缺陷，无须再次建模，减少错误，节省时间，工程量的计算更加准确与完整。目前，我国基于 BIM 技术的工程量计算方式主要有三种：

　　（1）二次开发算量软件。利用 BIM 设计软件提供的二次开发 API（Application Programming Interface）接口，结合开放数据库互联 ODBC（Open Database Connectivity）原理，以 BIM 设计软件为平台，直接读取 BIM 设计模型的数据信息，依据我国清单定额规定的计算规则，完成工程量的计算与统计工作。如 isBIM、新点、斯维尔于 2015 年推出的基于 Revit 平台的土建算量软件；探索者、恩为、isBIM 推出的基于 Revit 平台的钢筋算量软件。

　　（2）数据转换（Data Transfer）。二次开发数据转换工具通过 BIM 设计软件 API 接口将 BIM 设计模型数据转换为 BIM 算量软件可读取的数据格式，将 BIM 设计文件转换为算量文件，或者 BIM 设计软件直接导出其他 BIM 软件可读取的数据格式，由其他 BIM 软件完成工程量计算工作。如鲁班、广联达于 2014 年推出的 Luban Trans 与 GFC 两款数据转换工具，实现了设计阶段 BIM 模型与算量模型的对接。

（3）BIM 设计软件直接计算并统计构件工程量并输出到 Excel。多数 BIM 设计软件（如 Revit）都可以直接计算工程量并输出到 Excel 文件，再由造价人员手工统计、汇总。

2. BIM 算量工具

目前，国内 BIM 算量软件种类众多，有广联达、鲁班、斯维尔、探索者、比目云等，其中广联达、斯维尔和鲁班是工程应用最广泛的。这三款软件及其基础分类详见表 3-1。

表 3-1　　　　　　　　　　　工程量计算软件分类

软件名称	算量软件	计价软件	管理软件	核心软件
广联达	钢筋算量 GGJ	广联达计价软件 GBQ	施工现场布置软件 GCB	广联达 BIM5D
	土建算量 GCL		物资管理系统 GWZ	
	安装算量 GQI			
	市政算量 GMA			
斯维尔	三维算量 For CAD	清单计价	工程材料管理系统	BIM - 三维算量 For Revit
	安装算量 For CAD		招投标电子商务系统	
鲁班	鲁班钢筋 Luban Steel	鲁班造价	鲁班进度计划 Luban Plan	鲁班工程基础数据
	鲁班土建 Luban Architecture	Luban Estimator	鲁班场布 Luban Site	分析 Luban PDS
	鲁班安装 Luban MEP			
	……			

从软件安装与更新、软件界面适用性、操作流程、数据处理、功能适用性、安全保障六个方面对以上三款造价软件分析比较。

（1）软件安装与更新。广联达的工作平台软件——广联达 G+工作台 GWS，在这个平台上用户能免费下载和更新广联达所有软件，提供学习视频、问题咨询等服务。与其他两款软件相比，广联达在安装方面最为方便与简单。斯维尔与鲁班软件在安装与更新方面较为一般。

（2）软件界面适用性。与斯维尔与鲁班相比，广联达界面简洁，操作简单，但其界面适用功能无特别之处。在适用性方面鲁班的联机求助功能是独一无二的。其次是斯维尔界面的多任务切换功能，可使工作人员在能力范围内同时操作多个项目。

（3）操作流程。广联达建模的操作过程简单，无异于二维操作，后期在模型上直接生成报表，套取定额。斯维尔与广联达唯一不同的是在嵌套定额前需要更新并下载地区定额，而广联达软件自带相应定额。和广联达相比，鲁班软件只能进行工程量的计算，无法嵌套定额生成计价报表。

（4）数据处理。在数据处理过程中，广联达操作最简单，速度最快，还有云检查功能及时查漏补缺。鲁班软件的云应用功能实现数据的更新与处理。斯维尔的块操作相比广联达和鲁班，数据处理功能一般。

（5）功能适用性。除了算量功能，广联达的招标清单自检功能、鲁班的反查功能、斯维尔计价方式与其转换的功能适用性最高。

（6）安全保障。使用广联达软件需要加密锁，安全系数较高，但不主动监测。鲁班软件使用无任何加密程序，但数据恢复能力最强。相比广联达和鲁班，斯维尔软件加密性和数据维护功处于中等水平。

同时，基于 BIM 技术的工程算量具有以下明显优势：

三维视角下快速优化并核对工程量，提高准确度。通常设计过程中施工图纸进行多次变更，现行通用算量方式烦琐且重复性工作较多。利用 BIM 技术可直接在建筑模型上修改变更，一键优化工程量。

复杂节点处利用现行通用算量方式易漏项出错，而 BIM 算量软件中可设置自动扣减规则，一键生成算量，避免人为误差，保证准确度的同时节省了时间。

汇总方式全面，在 BIM 算量软件中可按照楼层、材料、构件等分类并输出计算书。

信息共享、信息透明。现行通用算量方式较为单一，无法保证信息的实时分享，在计算过程中易出现信息更新迟缓或者人为调控现象，导致工程量计算不准确。BIM 技术从根本上解决以上问题，使信息处理更统一透明，实现算量信息的动态管理。

3. 基于 BIM 设计软件的二次开发算量软件功能优化

成本预算的第一步就是工程量计算，只有工程量计算足够准确与完整，才能更好地对成本进行管控。要落实 BIM 在精细化成本管控中的应用，首先要解决 BIM 算量的准确性与完整性问题。提高计算的可信度，可通过分析计算的需求，开发功能强大的 BIM 算量软件来有效解决这一问题。通过研究目前二次开发算量软件（基于 Revit）功能的优缺点及算量规范要求，可从多个方面优化二次开发算量软件（基于 Revit）功能，使其在实践中不断完善，实现精细化成本管控。

（1）算量功能优化稳定、灵活、智能化的操作功能可快速完成算量模型的创建，准确计算构件工程量，提高计算结果的可信度。针对 BIM 设计软件二次算量开发，主要对以下功能模块进行分析优化。

1）构件属性识别转化与编辑功能。设计师在设计模型时，一般不会考虑后期造价人员的算量需求，赋予模型构件的信息会与算量模型所需信息存在偏差，导致算量工作更加困难，因此高效利用模型中原有信息并可对原有信息进行编辑、增加以及删除可提高算量的精准度。构件属性识别转化功能：在开发构件属性识别转化功能模块时，应实现自动识别 Revit 中族的类型名称等信息并将其转化为算量数据的功能，高效识别和区分算量构件信息，精准统计。

构件属性编辑功能：BIM 模型构件属性编辑栏提供清单规范中规定的项目特征内容编辑窗口，生成工程量清单时软件自动读取该部分属性信息并生成项目特征，造价人员无须再次手动编辑项目特征，提高工程量清单的编制速度和准确度。

2）辅助设计功能。辅助设计功能意在使造价和 BIM 设计人员快速准确完善设计 BIM 模型，提高造价人员的工程量计算速度及工程量计算的准确性与完整性。在充分利用 Revit 建模功能的同时，通过优化辅助设计功能，快速完成构造柱、圈梁、过梁、某些装饰等构件的智能化布置，可提高工程量计算的效率。

3）智能化构件过滤功能。智能化的构件过滤功能有助于造价人员快速查找、定位、修改、提取项目构件相关信息，提高工程量计算的准确性。软件现有过滤器功能较粗糙，无法准确定位制定构件，因此构件过滤器功能可按照楼层、专业、系统、构件名称等逐一细化。如造价人员需要查看三层给水立管 JL-1，则可打开过滤器，只勾选第三层楼层，再勾选三层下的给排水专业给水系统中的 JL-1，则模型中只有 JL-1 可见，其他构件全部隐藏，可实现 JL-1 工程量信息的快速查询与提取。

4）管件及管道附件归属识别功能（安装工程）。虽然 Revit 可直接输出安装工程工程量信息，但是其信息获取过程较为烦琐，对于管道长度、桥架长度、风管面积等工程量的计算必须通过修改管件的族参数与族名称，赋予族长度参数以及与管道相同的族名称才能准确统计出管道长度，而且需要造价人员手动将管件长度与管道长度进行汇总计算，工作量较大。因此，基于 Revit 的安装工程算量插件需实现的最核心、最重要的功能就是识别管件及管道附件归属，如室内钢塑复合给水管 DN70，软件可自动识别模型中该给水管道上的所有管件与附件是归属于室内钢塑复合给水管 DN70 的，则软件自动将管件与管道附件所占长度合并到管道长度中，这样安装工程的工程量计算更加准确。

5）规范化的工程量计算规则与条件搜索自动挂接清单定额功能。二次开发算量软件在内置清单、定额、钢筋平法规则的同时，应实现计算规则与规范名称无缝匹配，这样工程量的计算才能更加准确，并满足全国各地工程项目的使用。目前的算量软件具有清单定额一键自动挂接的功能，但是该功能还无法保证清单项目与定额子目挂接准确，因此，增加"条件搜索"功能，准确定位与构件相匹配的清单定额项，以保证 BIM 模型成本数据的准确性。

（2）数据管理优化。工程量的快速、完整、准确计算固然重要，但是数据可被实时调用管理才能实现其价值，软件不仅仅是算量的工具，更是项目数据的管理工具。针对软件数据管理功能模块优化分析如下：

1）工程量管理功能。基于 Revit 的算量软件不仅要可算量，而且要实现工程量数据的可管理，现有软件虽然具有一键统计全楼的功能，但是要想获取某些局部工程量是比较困难的。软件可提供工程量统计条件功能与绘制统计区域功能，造价人员可按楼层、按构件、按施工段、按构件属性信息等条件统计工程量信息，亦可根据需要在三维界面自定义绘制工程量计算区域，则可统计该区域工程量。如录入工程量统计条件为"外墙保温 80mm 厚"，则软件自动统计整个项目中保温层厚度为 80mm 的所有墙面积。

2）进度计划编制功能。通过进度计划编制功能，赋予构件进度信息，有利于项目施工进度节点工程量与成本的快速统计与审核，将工程项目进度管理与 BIM 模型结合，使造价人员可以快速、准确、有效地对项目的施工进度进行精细化管理。

3）工程量报表统计功能。报表统计方式多样化、统计内容充分完整，报表生成格式规范，有助于提高造价人员的工作效率。工程量计算的成果最终全部体现在工程量统计报表上，如果工程量报表统计功能不强，造价人员即使完成了所有的工程量计算工作，还是无法快速、准确获取所需数据。

　　工程量报表的统计方式与统计内容应足够全面，统计方式主要有按楼层统计、按构件统计、按系统统计、按构件型号统计等。统计内容要充分考虑构件的算量内容，如砌体外墙面装饰项目主要是抹灰、涂料或面砖，但是还有隐蔽算量项目，即不同材料交界处需布置相应规格的钢丝网或网格布。因此，砌体外墙抹灰项目的工程量报表统计内容不仅要包含墙中心线长度、墙净长度、墙厚度、墙面抹灰面积等直接算量项目的工程量，还应该包含外墙挂钢丝网或网格布的工程量。

　　（3）数据传递优化。提供通用数据接口，实现与多种计价软件、项目管理软件的数据连接，提高普适性。与计价软软、项目管理等软件数据接口的设计有助于算量信息的有效传递与利用，基于 Revit 二次开发的算量软件最终形成文件主要有两种形式：一是完整的工程量清单 Excel 文件，二是带有模型数据、工程量数据、成本数据、进度数据的模型文件。因此，该功能的优化可从两个方面进行：

　　1）工程量清单 Excel 文件输出格式多样化，符合多种计价软件要求，提高造价速度。

　　2）导出 IFC 文件，与多种 BIM 管理系统对接，有效利用带有成本、进度等数据的模型文件。

3.2.2　BIM 过程变更管理控制

　　工程变更是指在工程项目建设过程中对部分或全部工程在材料、功能、构造、尺寸、工程量及施工方法等方面做出的改变，工程变更从一定程度上讲属于合同变更，也就是对合同约定内容进行的改变。

　　工程项目具有一般项目的典型特征，主要包括长期性、复杂性、动态性。长期性是指工程项目的设计、建设、运营和维护周期较长；复杂性是指工程项目技术的复杂性、工程项目目标的复杂性、工程项目交易及生产过程的复杂性、工程项目组织的复杂性和工程项目环境的复杂性；动态性是指在实施过程中，工程项目的环境和条件是一直变化的。正是由于建设工程项目的这些特点，工程项目在实施过程中所发生的变化是不可预料的，所以工程变更的出现是不可避免的。

　　1. 工程变更的影响

　　工程变更是影响工程项目三大目标的关键因素，还会影响参与项目的各组织之间的关系，甚至引起各组织之间的合同纠纷。

　　工程变更是项目投资目标失控的主要原因，影响项目投资的合理使用。

据有关资料研究表明：工程变更会导致工程造价的增加，增加的金额达到了合同金额的 10%以上，有的甚至超过 100%。

工程变更对项目进度的影响主要在施工阶段，变更的产生将打乱施工进度计划安排，甚至使施工工序发生变更，影响施工组织的有序性，最终对整个项目进度产生影响。

工程变更还会造成项目质量等的改变，特别是发生在重要构造部分的变更，将影响建筑结构整体的强度和耐久性。

工程变更也会引发合同纠纷，项目相关利益方因自身利益产生纠纷和矛盾，甚至升级为仲裁、诉讼等合同纠纷，不利于工程项目的顺利实施。

2. 工程变更管理中存在的问题

目前工程变更管理的方式和方法还处于比较落后的地步，因此效率十分低下，应该通过新技术和新方法的利用，提高管理水平，实现变更管理的信息透明化和公开化。

（1）工程变更管理信息化效率低下。工程变更管理的信息传递基本以人工运输纸质文件形式进行，导致工程变更信息交流与管理对计算机等现代技术的利用不足。并且由于工程项目各参与方之间的信息交流主要靠纸质文件，造成工作效率低下，信息传递的周期较长且易发生信息的丢失，导致工程变更管理的信息交流不畅，最终造成工程变更管理的失控。

（2）工程变更程序复杂。由于建设工程项目复杂性的特点，参与建设工程项目的人员众多，工程变更涉及的各方面人员也较多，主要有开发商、管理方、承包商、政府管理部门等。某些工程变更的主要单位责任意识不强，在管理过程中出现很多问题，导致工程变更过程较为复杂，最终造成了结算进度缓慢和工作效率低下。

（3）BIM 技术在工程变更管理中的应用。

1）图纸会审。在工程项目实际实施之前，在施工图设计完成后，建设单位通常会组织工程项目的各参建单位进行图纸的熟悉和审查，即图纸会审。

传统图纸会审存在的问题：

由于传统 CAD 二维图纸的不形象、不直观的缺点，在图纸会审的过程中往往会有疏忽遗漏的地方，导致设计缺陷不能及时被发现。尤其是一些细节，如错综复杂的管线碰撞检查，由于二维图纸的局限性，审图人员难以做出准确的检查和判断，导致最后在实际施工过程才发现问题的存在，造成工程设计变更，给工程项目的质量和成本带来不利影响甚至极大损失。

《中国商业地产 BIM 应用研究报告》中的调查问卷里针对"是否有因图纸

存在重大错误导致改正成本超过 100 万元"这一问题的调查结果显示：有超过 30%的受访者碰到过改正成本超过 100 万人民币的招标图纸问题。

2）BIM 技术在图纸会审中的应用。BIM 技术具有可视化、协调性等特点，利用 BIM 技术构建的三维可视化数字信息模型，可为图纸会审人员提供直观形象的信息交流平台，有助于提前发现并解决图纸中存在的设计缺陷问题，从根源上规避了设计变更产生的风险。特别是碰撞检测可以自动发现解决因各专业人员之间缺乏信息交流而造成的管线碰撞问题，甚至在设计阶段依靠 BIM 技术提供的信息交流平台进行各专业设计的协调，发现并解决设计中存在的问题，有效地防止工程变更带来的不利影响。图 3-6 即为基于 BIM 的图纸会审流程。

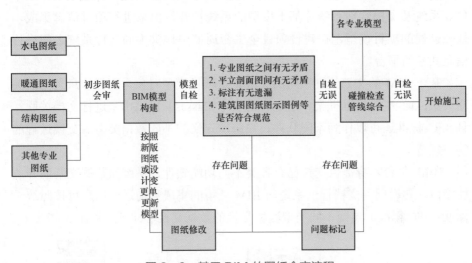

图 3-6　基于 BIM 的图纸会审流程

（4）工程变更中的文档管理。工程变更实际上是对工程合同的相关内容进行变更，所有的工程变更文件、资料都是工程合同的重要组成部分。合同是工程项目各参与方义务履行和权利保障的重要依据，各种工程变更文件和资料更是后期结算和索赔的重要依据，所以工程变更产生的各种文档都应进行妥善的文档管理，防止丢失损坏，方便查找。

1）传统文档管理存在的问题。传统的建设项目文档管理系统是根据工程各参与方的内部需求建立的，即使在某个参与方内部，文档管理也是按照不同职能部门的划分来进行管理的，所以容易存在信息孤岛，不利于工程项目信息的及时更新于交流。

2）BIM 技术在文档管理中的应用/基于 BIM 的建设项目文档管理系统。

基于 BIM 技术实现建设项目文档的集成信息管理可以在建设项目工程变更管理中快速进行各种变更文件的记录、更新和查找，实现相关变更工作的基础文件、资料等的收集和整理，作为后期变更管理的重要参考。

基于 IFC 标准进行数据交换及协作。IFC 标准即 Industry Foundation Classes（工业基础类），是已经被国际标准化组织（ISO）登记的正式国际标准，也是不同 BIM 系统和软件之间实现快速便捷的数据交换的重要标准和桥梁，可以说是 BIM 技术快速发展的关键因素。

基于 BIM 的文档管理系统的可行性。随着 BIM 在建筑、设计、施工及设施管理（Architecture Engineering Construction/Facility Management，AEC/FM）领域的应用和发展，越来越多如计算机辅助设计 CAD、进度计划系统、成本估算系统及文档管理系统等基于模型的系统被开发出来进行项目信息集成，依靠创建的项目模型，在建设项目全生命周期中提供不同软件系统之间进行信息共享的平台。

基于 BIM 的文档管理系统的关键就是项目模型对象与文档信息之间的关联关系，而 IFC 标准框架中所包含的类（Classes）可以用来进行文档关联，且 IFC 标准还可以作为不同软件、系统所定义的不同数据类型的交换过程的统一规范。

BIM 平台本身提供支持已有各类不同功能软件、系统的数据交互的开放性接口，建设项目文档管理系统与 BIM 环境的集成只需通过增加可按照统一标准（IFC 标准）实现不同类型数据交换的数据交换层即可（见图 3-7）。

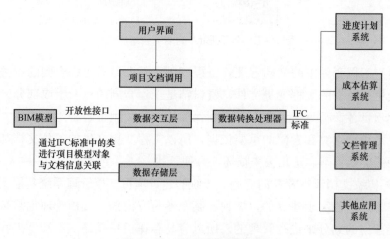

图 3-7　BIM 平台数据交换

3.2.3   后期运维策划

BIM 技术的核心是在项目的不同参与方和不同阶段进行相关信息的整合、共享和传递。在项目运维阶段运用 BIM 技术，依靠的就是 BIM 模型足够的信息支持，这也就是 BIM 运营的核心技术所在。要实现竣工阶段 BIM 模型的交付，就要从项目的前期阶段引入 BIM 技术，通过将项目在规划设计、建造工程、结算、竣工交付阶段以及项目不同参与方之间形成的信息进行整合、共享，形成一个信息集合体，从而实现项目的经济价值。要实现建筑信息模型在运维阶段的应用，最重要的就是信息管理，BIM 模型拥有满足项目运维阶段的信息，运维信息能够方便地被管理、修改、查询、调用。对于运维阶段 BIM 技术主要应用于以下几个方面：

1. **设备设施系统管理**

将建筑设备自控（BA）系统、消防（FA）系统、安防（SA）系统及其他智能化系统和 BIM 的建筑运营模型结合，形成基于 BIM 技术的智慧建筑运行管理方案，有利于实施建筑系统的设备控制、消防、安全等可视化、信息化管理。其重要价值如下：

（1）提高工作效率，准确定位故障点位置，快速显示建筑设备的维护信息和维护方案。

（2）有利于制定合理的预防性维护计划及流程，延长设备使用寿命，从而降低设备替换成本，并能够提供更稳定的服务。

（3）记录建筑设备的维护信息，建立维护机制，以合理管理备品、备件，有效降低维护成本。

2. **空间管理**

为了有效管理建筑空间，保证空间的利用率，结合建筑信息模型进行建筑空间管理，主要包括空间规划、空间分配、人流管理（人流密集场所）等。

（1）空间规划。根据企业或组织业务发展，设置空间租赁或购买等空间信息，积累空间管理的各类信息，便于预期评估，制定满足未来发展需求的空间规划。

（2）空间分配。基于建筑信息模型对建筑空间进行合理分配，方便查看和统计各类空间信息，并动态记录分配信息，提高空间的利用率。

（3）人流管理。对人流密集的区域，实现人流检测和疏散可视化管理，保证区域安全。

3. **固定资产控制**

利用建筑信息模型对资产进行信息化管理（见图 3-8），辅助建设单位进行投资决策和制定短期、长期的管理计划。利用运营模型数据，评估改造和更新建筑资产的费用，建立维护和模型关联的资产数据库。

（1）形成运营和财务部门需要的可直观理解的资产管理信息源，实时提供有关资产报表。

（2）生成企业的资产财务报告，分析模拟特殊资产更新和替代的成本测算。

（3）记录模型更新，动态显示建筑资产信息的更新、替换或维护过程，并跟踪各类变化。

（4）基于建筑信息模型的资产管理，财务部门可提供不同类型的资产分析。

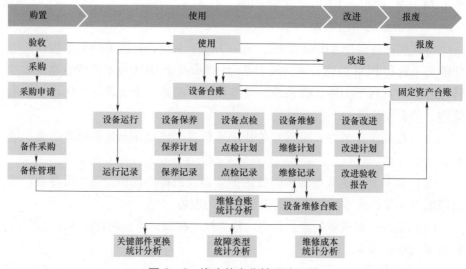

图 3-8　资产信息化管理流程图

4. 应急管理系统

（1）应急预案演习。可模拟火灾等情况进行模拟演习，培养紧急情况下运维管理人员的应急响应能力。

（2）应急资源管理。应急设备的库存、紧急联系人等重要信息的调用。

（3）协同指挥调度。应急管理所需要的数据都是具有空间性质的，它存储于 BIM 中，并且可从其中搜索到过 BIM 提供实时的数据访问，在没有获取足够信息的情况下，同样可以做出应急响应的决策，应急人员到达之前，向其提供详细的信息。建筑信息模型可以协助应急响应人员定位和识别潜在的突发事件，并且通过图形界面准确确定其危险发生的位置。此外，BIM 中的空间信息也可以用于识别疏散线路和环境危险之间的隐藏关系，从而降低应急决策制定的不确定性（见图 3-9、图 3-10）。

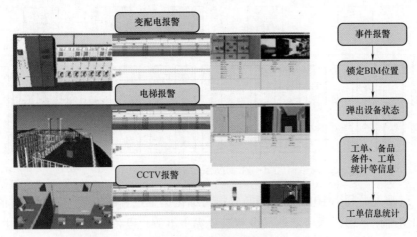

图 3-9 应急管理系统

图 3-10 应急演练模拟

5. 资产管理

（1）租赁、不动产、设备维护等资本的财务预算。

（2）设备寿命合理预判。

（3）环境影响与节能数据分析评估。

（4）平台资产的集约化整合。

6. 运维管理

运维平台功能根据物业管理工作可主要分为工程管理、安全管理、环境管理、客服管理和综合管理五个主要模块，功能架构如图 3-11 所示。

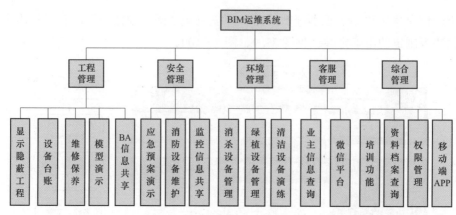

图 3-11　运维平台功能构架

　　运维人员利用 BIM 技术不断分析与细化运维过程的风险，进行实时的监控和精细化管理，尽可能地减少和避免灾害事故、设备故障等风险的发生。

　　BIM 运维管理系统需要提供相应的终端设备为运维人员进行服务，运维人员通过计算机、iPad、手机等进行实时查看。用 BIM 技术信息整合的优点，将运维各类简单信息整合到 BIM 模型中，进行信息集成，实现信息的快速查询和各类信息统计。利用 BIM 技术 3D 可视化的特点，对项目设施管理、空间管理、应急管理、隐蔽工程管理等各类状态信息进行可视化表达与展示。基于 BIM 的运维管理系统框架体系，如图 3-12 所示。

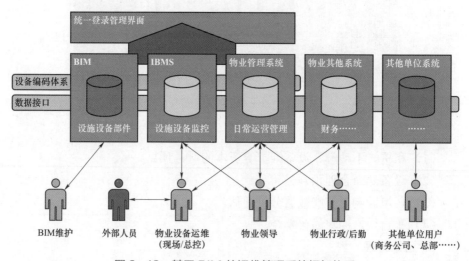

图 3-12　基于 BIM 的运维管理系统框架体系

　　为了改进传统建筑项目运维过程风险管理模式中存在的诸多缺陷，最强有力的突破口就是提升传统项目风险管理过程的时效性建设，而通过 BIM 技术可以很好地改善传统风险管理过程中的时效性问题。BIM 建模后提供了一整套完整的数据信息库，具备以下优势：一是可为各种决策提供全面、准确的数据支持；二是可帮助项目运维管理人员方便快捷地访问到所需的风险管理相关信息，以便及时发现风险隐患，提前制定风险应对措施；三是实现风险管理活动的信息化和实时化，提高管理效率。

3.3 质量管理应用

3.3.1 模型精度与模型管理

1. 目标和精细度

（1）BIM 设计目标。在项目施工图设计阶段，利用 BIM 设计的方式完成施工图设计。

（2）BIM 模型精细度。

1）BIM 模型精度：施工图 BIM 设计模型精度，参照北京市《民用建筑信息模型设计标准》（DB11T 1069—2014）达到 L2～L2.5 的模型精度要求。各专业模型构件（包括所有机电末端设备和主次管线，钢筋和电气线管和导线除外）要尽量完整。

2）BIM 设计出图深度：以《建筑工程设计文件编制深度规定》所要求的施工图设计深度为准。

3）机电设备等构件的参数要尽量完整（参照设计图纸中的设备表）。

2. 模型专有名词

（1）项目和图元。项目是单个设计信息数据库（建筑信息模型）。项目文件包含了建筑的所有设计信息（从几何图形到构造数据）。这些信息包括用于设计模型的构件、项目视图和设计图纸。通过使用单个项目文件，Revit 令您不仅可以轻松地修改设计，还可以使修改反映在所有关联区域（平面视图、立面视图、剖面视图、明细表等）中。以上过程仅需跟踪一个文件，同样还方便了项目管理。

图元是 Revit 软件中对模型、文字、标高、标准等二维、三维模型构件的称谓（见图 3-13）。在创建项目时，可以向设计中添加参数化建筑图元。

Revit 使用三种类型的图元：

1）模型图元。表示建筑的实际三维几何图形。是建模最基本的图元。它

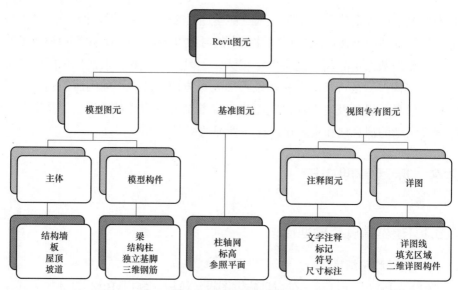

图 3–13 Revit 图元

们显示在模型的相关视图。模型图元有两种类型：

① 主体（或主体图元）。通常为系统族，代表实际建筑中的主体构件，如墙、板、屋顶、楼梯等。主体图元可以用来放置别的图元，如墙上开洞。

② 模型构件。用于实际建筑中的其他图元，如梁、柱、桁架、钢筋、基础等。基本上是可载入族。

2）基准图元。可帮助定义项目上下文。例如，标高和参照平面都是基准图元。

3）视图专用图元。用于视图注释或是模型详图，主要帮助对模型进行描述或归档。如尺寸标注，二维详图。视图专用图元只存在于其放置的视图中。

视图专用图元有两种类型：

① 注释图元。是对模型进行归档并在图纸上保持比例的二维构件。例如，尺寸标注、标记和注释记号都是注释图元。

② 详图。是在特定视图中提供有关建筑模型详细信息的二维项。示例包括详图线、填充区域和二维详图构件

（2）图元的组织。Revit 中所有图元按照一定的层级有逻辑地组织在一起，即类别、族、类型。

1）类别。类别是一组用于对建筑设计进行建模或记录的图元，代表结构物的不同部位。

2）族。族是某一类别中图元的类。族根据参数（属性）集的共用、使用

上的相同和图形表示的相似来对图元进行分组。一个族中不同图元的部分或全部属性可能有不同的值，但是属性的设置（其名称与含义）是相同的。

Revit 使用以下类型的族：

① 系统族。不能作为单个文件载入或创建，Revit 预定义了系统族的属性设置及图形表示。但可通过设置进行定制。如墙、楼板、屋顶、标高、轴网、图纸、视图窗口等。系统族可以在项目之间传递。

② 内建族。针对当前项目使用需求而定制的构件，无重复应用的需要。不能保存为独立的外部族文件。

③ 构件族。可以载入到项目中的族，有独立的外部族文件，扩展名为*.rfa 构件族基于族样板创建，可以确定族的属性设置和族的图形化表示方法。

3）类型。每一个族都可以拥有多个类型，族类型用于表示同一个族的不同参数值。如混凝土矩形柱族有 350mm×350mm，600mm×600mm 等多种尺寸。

每一个族类型可以在项目文件中的多处进行放置，每一个放置在项目中的族类型（单个图元），就是该类型的一个实例。如混凝土矩形柱 600mm×600mm 在一层、三层各放置一个，就是两个实例。

（3）参数。参数是族构件携带信息的方式，参数可用来存储和控制构件的几何、非几何数据的表达方式以及内容，对项目中的任何图元、构件类别均可以自定义参数信息，并在〖属性〗或〖类型属性〗对话框中显示。参数包括三种类型，即项目参数、族参数和共享参数。

1）项目参数。项目参数特定于某个项目文件。通过将参数指定给多个类别的图元、图纸或视图，系统会将它们添加到图元。项目参数中存储的信息不能与其他项目共享。项目参数用于在项目中创建明细表、排序和过滤。

2）族参数。存在于族构件中，可控制族变量值，存储族构件的信息。嵌套族中，主体族可关联嵌入族以控制其参数。

3）共享参数。共享参数可用于多个族或项目中。将共享参数添加到族或项目后，可将其用作族参数或项目参数应用。共享参数可以用于标记，并可将其添加到明细表中。共享参数的定义存储在不同独立文件中（不是在项目或族中），因此受到保护不可更改。

（4）视图。视图用于显示和记录项目。在 Revit 中有如下视图类型：平面视图（楼层平面、天花板投影平面、结构平面、面积平面）、立面视图、剖面视图、三维视图、明细表、图例、绘图视图、图纸视图。

（5）项目浏览器。项目浏览器用于显示当前项目中所有视图、明细表、图纸、族、组、模型链接、图例等的逻辑层次。可以展开和折叠各分支已显示或关闭下一层项目。在项目浏览器中可以按照视图属性值对视图进行排序和组织，如按专业规程组织浏览器视图等。

（6）明细表。明细表是 Revit 以表格数据方式显示构件信息的方式，表中的这些信息是从项目中的图元属性中提取出来的。明细表可以列出要编制明细表的图元类型的每个实例，或根据明细表的成组标准将多个实例压缩到一行中。可以在建模过程中建立明细表，构件发生增、删、改时候，明细表会自动更新以反映这些变化。明细表的数据可以输出到其他软件程序中。

3. 模型的组织与规划

（1）模型的拆分原则。

按专业分类划分：项目模型（除泛光照明专业外）应按专业进行划分。

按水平或垂直方向划分：专业内项目模型应按自然层、标准层进行划分；外立面、幕墙、泛光照明、景观、小市政等专业，不宜按层划分的专业例外；建筑专业中的楼梯系统为竖向模型，可按竖向划分。

按功能系统划分：专业内模型可按系统类型进行划分，如给水排水专业可以将模型按给排水、消防、喷淋系统划分模型等。

按工作要求划分：可根据特定工作需要划分模型，如考虑机电管综工作的情况，将专业中的末端点位单独建立模型文件，与主要管线分开。

按模型文件大小：单一模型文件最大不宜超过 200M，以避免后续多个模型文件操作时硬件设备速度过慢（特殊情况时以满足项目建模要求为准）。

（2）模型整合原则。

按专业整合：对应于每个专业，整合所有楼层、系统的模型，便于对单专业进行整体分析和研究。

按水平或垂直方向整合：按层对各专业模型进行整合，便于对同层的专业进行设计协调与分析；竖向模型如建筑外立面、幕墙、泛光照明等可进行整合。

按整体整合：将项目各层、各专业的模型整合在一起，以便对项目整体进行综合分析。

4. 模型文件命名

（1）项目文件命名规则。

1）设计中心文件命名规则。

命名规则：【项目编号】—〖项目简称〗—〖子项编号〗—【设计阶段代码】—【专业代码】—〖分区代码〗—【系统代码】—【描述】—【Center】.rvt。

在设计过程中，当遇到文件损坏等特殊情况，需要重新设置中心文件时，将原有的中心文件后面增加 V1、V2 等后缀识别、并定期管理、删除。新的中心文件和原中心文件保持同名，以确保各专业、各分区或系统模型之间的链接关系不变。

2）本地设计文件命名规则。

命名规则：【项目编号】—〖项目简称〗—〖子项编号〗—【设计阶段代码】—【专业代码】—〖分区代码〗—〖系统代码〗—〖描述〗—【姓名】.rvt。

将设计中心文件中的【Center】标记，改为设计师【姓名】标记即可。

3）备份设计中心文件命名规则。

备份设计中心文件，或保存阶段性版本文件：

命名规则：【项目编号】—〖项目简称〗—〖子项编号〗—【设计阶段代码】—【专业代码】—〖分区代码〗—〖系统代码〗—〖描述〗—【Center】—【日期】.rvt。

4）说明。

【 】为必选项，〖 〗为可选项。

〖项目简称〗：中英文简称。

〖子项编号〗：编号后带"#"字符。

【设计阶段代码】：SD（方案设计）、PD（初步设计）、CD（施工图设计）。

〖分区代码〗：由各专业负责人确定。例如"01G"代表地下室分区、"03Office"代表办公区、"04Hotel"代表酒店分区等；或使用 A、B、C 等英文、数字分区代码。

〖系统代码〗：由机电专业负责人确定，用于分系统设计、出图等。

〖描述〗：必要的关键字描述。

【Center】/【姓名】：中心文件必须带"Center"标记，本地文件必须带设计师"姓名"（设计师全名拼音）标记。

【日期】：备份文件的重要识别标记，其中【日期】为重要的版本管理识别符号。特别注意【日期】：直接拷贝、备份各专业中心文件后，文件中链接的文件依然是原来的设计文件，因此当需要使用备份文件时，必须以【日期】为标记，重新链接相关的文件，确保链接的文件为同期备份文件。

5）文件命名示例。

11152–4#–CD–A–center.rvt：表示 11152 项目 4#楼，施工图阶段建筑专业中心文件；

11152–4#–CD–PD–01G–center.rvt：表示 11152 项目 4#楼，施工图阶

段给排水专业，地下室中心文件。

（2）族文件及族类型名称命名规则。

1）Revit 族文件命名规则。

命名规则：【专业/多专业编码】—【构件类别】—〖一级子类〗—〖二级子类〗—〖描述〗—〖软件版本〗.rfa。

说明：【】为必选项，〖〗为可选项。

【专业/多专业代码】：用于识别本族文件的专业适用范围，如适用于多专业，则多专业代码之间用下划线" "连接。

【构件类别】：为建筑各大类模型构件的细分类别名称，例如防火门、平开门、人防门；安全阀、蝶阀、截止阀、闸阀、温度调节阀等。

〖一级子类〗：为模型构件细分类别下、进一步细分的一级子类别名称，例如防火门下的双扇、单扇、字母；安全阀中的 A27、A47 型等。

〖二级子类〗：为模型构件细分类别、一级子类别下，进一步细分的二级子类别名称，例如双扇防火门下的亮窗、矩形观察窗居中、侧矩形观察窗；A27 安全阀中的单杆微启式、弹簧微启式等。

原则上族文件名中可设置 1-2 级子类，以控制文件名长。

〖描述〗：必要的补充说明，也可当作〖三级子类〗使用。

文件命名示例：

防火门-双扇-矩形观察窗居中-亮窗.rfa：带居中矩形观察窗和亮窗的双扇防火门。

防火门-子母-侧矩形观察窗.rfa：带侧位矩形观察窗的子母防火门。

PD-安全阀-A27 型-单杆微启式-法兰式.rfa：单杆微启法兰式 A27 型安全阀。

PD-安全阀-A47 型-弹簧微启式-法兰式.rfa：弹簧微启法兰式 A47 型安全阀。

S_A-钢骨柱-H 型钢.rfa：结构、建筑专业通用 H 型钢骨柱。

PD_A-洗脸盆-矩形.rfa：给排水、建筑专业通用矩形洗脸盆。

2）Revit 族类型命名规则。

命名规则：〖类型代码〗〖系列代码〗—【主尺寸】—〖一级子类编码及尺寸〗—〖二级子类编码及尺寸〗—〖材质〗—〖描述〗。

族类型名称，需要与族文件名称配合使用，形成完整的名称字段，方便检索和调用。

说明：

【】为必选项,〖〗为可选项。

〖类型代码〗:常用的构件大类或细分类别的类型代码(例如 M 代表"门"大类, TLM 代表"推拉门"细分类别等),方便识别。

〖系列代码〗:常用的构件类型系列代码(例如国家建筑标准设计图集《铝合金门窗》(02J603-1)中平开铝合金门的 50、55、70 系列),方便识别。

【主尺寸】:族构件的主体外围长宽高尺寸或洞口宽高尺寸等,一般情况下,该尺寸是构件类型识别的汇重要标识字段。

〖一级子类编码及尺寸〗:包含一级子类的注明一级子类编码及主要尺寸,方便识别。

〖二级子类编码及尺寸〗:包含二级子类的注明二级子类编码及主要尺寸,方便识别。

〖材质〗:可设置族主体模型的材质为命名关键字段,例如用"木""钢"等区分不同门材质。

〖描述〗:必要的补充说明。

(3)工作集命名规则。

1)建筑专业。

命名规则:以构件类别为基本划分原则,前缀专业代码"A-"。示例:A-建筑墙和门窗;A-建筑楼板;A-建筑楼梯;A-家具布局……

2)结构专业。

命名规则:以构件类别为基本划分原则,前缀专业代码"S-"。示例:S-剪力墙;S-结构柱;S-结构梁;S-结构楼板;S-结构基础;S-链接文件……

3)暖通专业。

命名规则:以系统为基本划分原则,前缀专业代码"H-",同时需考虑多系统,特别是多图纸共享的设备,需单独设立工作集,以便出图时控制可见性。

示例:H-暖通风系统;H-暖通水系统;H-共享设备……

4)给排水专业。

命名规则:以系统为基本划分原则,前缀专业代码"P-",同时需考虑多系统,特别是多图纸共享的设备,需单独设立工作集,以便出图时控制可见性。示例:P-给排水系统;P-消火栓系统;P-自喷淋系统;P-共享设备……

5)电气专业。

命名规则:以系统为基本划分原则,前缀专业代码"E-",同时需考虑多系统,特别是图纸共享的设备,需单独设立工作集,以便出图时控制可见性。

示例：E－电力系统；E－照明系统；E－消防系统；E－共享设备……

6）其他专业。

命名规则：参照建筑或暖通专业工作集划分和命名方式。

（4）用户名称命名规则。

命名规则：【专业代码】－【用户名】。

专业代码：A\S\H\P\E\ZC\YF。

专业代码大写，用户名小写。

示例：H－lisi、E－wangwu。

（5）各专业代码详见表 3－2。各系统代码、线型、线宽及配色方案详见表 3－3。

表 3－2　　　　　　　　专业代码及系统配色方案

专业	建筑	结构	暖通	给水排水	电气	弱电	智能化	总图	景观	室内	土建一体	机电一体	全专业	全楼层	其他
代码	A	S	H	P	E	T	IB	M	L	I	AS	MEP	DA	FA	X

表 3－3　　　　　　　　系统代码、线型、线宽及颜色方案

专业	序号	名称	系统代码	线型		颜色	线宽编号
暖通水管	1	H—一次热水供水	RG1	实线	30	255.127.0	10
	2	H—一次热水回水	RH1	虚线：6+3mm	30	255.127.0	10
	3	H—乙二醇供水	YG	实线	170	0.0.255	8
	4	H—乙二醇回水	YH	虚线：6+3mm	170	0.0.255	8
	5	H—冷却供水	LQG	实线	190	127.0.255	10
	6	H—冷却回水	LQH	虚线：6+3mm	200	191.0.255	10
	7	H—泄水	XS	实线	244	127.0.31	8
	8	H—空调一次冷水供水	LG1	实线	150	0.127.255	8
	9	H—空调一次冷水回水	LH1	虚线：6+3mm	150	0.127.255	8
	10	H—空调二次冷水供水	LG2	实线	150	0.127.255	8
	11	H—空调二次冷水回水	LH2	虚线：6+3mm	150	0.127.255	8
	12	H—空调冷凝水	n	中心	244	127.0.31	5
	13	H—空调冷媒	LM	实线	200	191.0.255	8
	14	H—空调冷水供水	LG	实线	150	0.127.255	10
	15	H—空调冷水回水	LH	虚线：6+3mm	150	0.127.255	10
	16	H—空调冷热水供水	LRG	实线	60	191.255.0	10

续表

专业	序号	名称	系统代码	线型		颜色	线宽编号
暖通水管	17	H—空调冷热水回水	LRH	虚线：6+3mm	60	191.255.0	10
	18	H—空调机加湿水	S	实线	200	191.0.255	8
	19	H—空调热水供水	KRG	实线	20	255.63.0	10
	20	H—空调热水回水	KRH	虚线：6+3mm	20	255.63.0	10
	21	H—蒸汽	G	实线	11	255.127.127	6
	22	H—补水	BS	实线	221	255.127.223	6
	23	H—软化水	SR	实线	221	255.127.223	8
	24	H—采暖地热盘管	DPG	实线	40	255.191.0	5
	25	H—采暖热水供水	RG	实线	40	255.191.0	10
	26	H—采暖热水回水	RH	虚线：6+3mm	40	255.191.0	10
暖通风管	27	H—净化送风	JH	实线	200	191.0.255	8
	28	H—加压送风	ZY	实线	20	255.63.0	8
	29	H—厨房排油烟	YY	实线	200	191.0.255	8
	30	H—排烟	PY	实线	20	255.63.0	8
	31	H—排风	PF	实线	170	0.0.255	8
	32	H—排风兼排烟	P（Y）	实线	11	255.127.127	8
	33	H—消防补风	XB	实线	20	255.63.0	8
	34	H—空调回风	HF	虚线：6+3mm	140	0.191.255	8
	35	H—空调新风	XF	实线	50	255.255.0	8
	36	H—空调送风	SF	实线	140	0.191.255	8
	37	H—送风兼消防补风	S（B）	实线	11	255.127.127	8
	38	H—通风	TF	实线	170	0.0.255	8
	39	H—除尘系统	CC	实线	170	0.0.255	8
给水排水	1	F—室内消火栓	H	实线	10	255.0.0	6
	2	F—自动喷水	ZP	实线	4	0.255.255	6
	3	F—气体消防	Q	实线	20	255.63.0	6
	4	F—消防水炮	SP	实线	140	0.191.255	6
	5	F—雨淋	YL	实线	12	165.0.0	6
	6	F—水喷雾	SPW	实线	12	165.0.0	6

专业	序号	名称	系统代码	线型		颜色	线宽编号
给水排水	7	F—高压细水雾	XSW	实线	12	165.0.0	6
	8	P—给水	J	实线	3	0.255.0	6
	9	P—给水—中区	J2	实线	3	0.255.0	6
	10	P—给水—高区	J3	实线	3	0.255.0	6
	11	P—热水给水	RJ	实线	30	255.127.0	6
	12	P—热水回水	RH	实线	30	255.127.0	6
	13	P—热媒供水	RM	实线	230	255.0.127	6
	14	P—热媒回水	RMH	实线	230	255.0.127	6
	15	P—中水	Z	实线	122	0.165.124	6
	16	P—中水—中区	Z2	实线	122	0.165.124	6
	17	P—中水—高区	Z3	实线	122	0.165.124	6
	18	P—冷却循环给水	XJ	实线	190	127.0.255	6
	19	P—冷却循环回水	XH	实线	200	191.0.255	6
	20	P—污水	W	实线	6	255.0.255	10
	21	P—废水	F	实线	31	255.191.127	10
	22	P—压力废水	YF	实线	40	255.191.0	10
	23	P—压力污水	YW	实线	40	255.191.0	10
	24	P—通气	T	实线	150	0.127.255	10
	25	P—雨水	Y	实线	2	255.255.0	10
	26	P—压力雨水	YY	实线	40	255.191.0	10
	27	P—虹吸雨水	SY	实线	40	255.191.0	10
	28	P—游泳池循环给水	YXJ	实线	190	127.0.255	6
建筑电气	20	防火门监控线及电源线	FDC	虚线：6+9mm	40	255.191.0	5
	21	电气火灾监控系统线	FEC	双划线：12+6+6+6+6mm	40	255.191.0	5
	22	电话线路	TP	实线（标注 P）	181	159.127.255	5
	23	数据传输线路	TD	实线（标注 T）	181	159.127.255	5
	24	电视线路	TV	实线（标注 V）	6	255.0.255	5
	25	广播线路	BC	实线（标注 B）	4	0.255.255	5
	26	电视监视线路	TVC	虚线：6+3mm（标注 V）	181	159.127.255	5

续表

专业	序号	名称	系统代码	线型		颜色	线宽编号
建筑电气	27	门禁线路	ACC	实线（标注）	6	255.0.255	5
	28	可视对讲线路	VIC	实线（标注 F）	4	0.255.255	5
	29	周界报警线路	PAC	实线（标注 IR）	2	255.255.0	5
	30	DDC IO 线路	DCC	双划线：16+4+6+4+6+4mm	181	159.127.255	5
	31	DDC 主干线路	DCT	双点划线：12+6+.+6+.+6mm	2	255.255.0	5
	32	能源监控 O 线路	WLC	虚线：6+6mm	4	0.255.255	5
	33	能源监控主干线路	WLT	虚线：6+9mm	2	255.255.0	5
	34	智能照明主干线路	ILC	双划线：12+6+6+6+6mm	6	255.0.255	5
	35	弱电系统 24V 电源线路	DC	单点划线：12+6+.+6mm（标注 D）	6	255.0.255	5
	36	弱电系统 220V 电源线路	AC	单点划线：5+2+.+2mm（标注 D）	4	0.255.255	5

3.3.2 质量管理应用

1. BIM 在工程项目质量控制中的优势

影响工程项目质量的五大因素为人工、机械、材料、方法和环境。对这五大因素进行有效的控制，就能很大程度上保证工程项目建设的质量。BIM 技术的引入在这些因素的控制方面有着其特有的作用和优势。

（1）人工控制。这里的人工主要指管理者和操作者。BIM 的应用可以提高管理者的工作效率，从而保证管理者对工程项目质量的把握。BIM 技术引入了富含建筑信息的三维实体模型，让管理者对所要管理的项目有一个提前的认识和判断，根据自己以往的管理经验，对质量管理中可能出现的问题进行罗列，判断今后工作的难点和重点，做到心中有数，减少不确定因素对工程项目质量管理产生的影响。

（2）机械控制。引入 BIM 技术，我们可以模拟施工机械的现场布置，对不同的施工机械组合方案进行调试，比如：塔吊的个数和位置，现场混凝土搅拌装置的位置、规格；施工车辆的运行路线等。用节约、高效的原则对施工机械的布置方案进行调整，寻找适合项目特征、工艺设计以及现场环境的施工机械布置方案。

（3）材料控制。工程项目所使用的材料是工程产品的直接原料，所以工程材料的质量对工程项目的最终质量有着直接的影响，材料管理也对工程项目的质量管理有着直接的影响。BIM 技术的 5D 应用可以根据工程项目的进度计划，并结合项目的实体模型生成一个实时的材料供应计划，确定某一时间段所需要的材料类型和材料量，使工程项目的材料供应合理、有效、可行。历史项目的材料使用情况对当前项目使用材料的选择有着重要的借鉴作用。整理收集历史项目的材料使用资料，评价各家供应商产品的优劣，可以为当前项目的材料使用提供指导。BIM 技术的引入使我们可以对每一项工程使用过的材料添加上供应商的信息，并且对该材料进行评级，最后在材料列表中归类整理，以便日后相似项目的借鉴应用。

（4）方法控制。引入 BIM 技术我们可以在模拟的环境下，对不同的施工方法进行预演示，结合各种方法的优缺点以及本项目的施工条件，选择符合本项目施工特点的工艺方法。也可以对已选择的施工方法进行模拟项目环境下的验证，使各个工作的施工方法与项目的实际情况相匹配，从而做到对工程质量的保证。

（5）环境控制。引入 BIM 技术我们可以将工程项目的模型放入模拟现实的环境中，应用一定的地理、气象知识分析当前环境可能对工程项目产生的影响，提前进行预防、排除和解决。在丰富的三维模型中，这些影响因素能够立体直观地体现出来，有利于项目管理者发现问题，并解决问题。

2. BIM 在工程项目质量控制中的应用亮点

BIM 在项目质量控制的应用中常表现在技术交底、质量检查对比、碰撞检查及预留洞口、施工质量控制高效的沟通机制、收集整理现场质量数据和实时动态跟踪等几个方面。

（1）技术交底。根据质量通病及控制点，重视对关键、复杂节点，防水工程，预留、预埋，隐蔽工程及其他重难点项目的技术交底。传统的施工交底是通过二维 CAD 图纸，BIM 技术针对技术交底的处理办法是：利用 BIM 模型可视化、虚拟施工过程及动画漫游进行技术交底，使一线工人更直观地了解复杂节点，有效提升质量相关人员的协调沟通效率，将隐患扼杀在摇篮里。图 3-14 是砌筑工程的 BIM 模型的技术交底工作。

（2）质量检查对比。质量检查比对首先要现场拍摄图片、通过目测或实量获得质量信息，将质量信息关联到 BIM 模型，把握现场实际工程质量；根

图 3-14　砌筑工程的 BIM 模型的技术交底图

据是否有质量偏差，落实责任人进行整改，再根据整改结果核对质量目标，并存档管理。图 3-15 是北京财富中心写字楼机电工程四层的设计深化图与实际现场的实际情况对比。

四层办公区现场施工情况

图 3-15　设计深化图与实际现场的实际情况对比图

（3）碰撞检测及预留洞口。土建 BIM 模型与机电 BIM 模型在相关软件中进行整合，即可进行碰撞检查。在集成模型中可以快速有效地查找碰撞点、详细的碰撞检查报告和预留洞口报告。如在大红门 16 号院项目中，共发现了 952 个碰撞点，其中严重碰撞 13 个，需要建筑、结构、机电三个专业调整设计。青岛华润万象城项目的大型商业综合体，BIM 小组将标准尺寸的施工电梯和塔吊的族，放入整体结构模型中，导入塔吊和施工电梯二维布置定位图，完成结构绘制；然后导入 Navisworks 软件，相关责任人根据 BIM 模型直观地审视方案布置的可行性、合理性，规避时间、空间不足，实现方案优化。利用 BIM 技术可以在施工前尽可能多地发现问题，如净高、构件尺寸标注不合理或漏标、构件配筋缺失、预留洞口漏标等图纸问题。而在施工之前，提前发现碰撞问题，有效地减少返工，避免质量风险。

（4）施工质量控制高效的沟通机制。BIM 在施工过程的质量控制的最大优点就是提高了施工单位项目部内部员工间对实时质量信息的沟通效率而且大大改善了施工单位与其他项目参与方的沟通机制。比如施工单位项目部的质量员发现问题形成文档找班组长，班组长找操作人员进行整改。传统沟通需要的时间较长而且比较烦琐；基于 BIM 的沟通，不管你在哪里都能随时随地的查看质量信息，移动端就能要求整改并上传质量信息。坐在办公室的项目领导只需打开相关的系统及软件就能实时查阅质量信息及发送指令，便于远程控制。

（5）收集整理现场质量数据。建筑信息模型承载了项目的各种相关信息，一切用数据说话，数据是质量管理活动的基础。在施工质量控制的过程中，及时收集质量数据，并对其进行归类、整理、加工，获得建设质量信息，发现质量问题及原因，及时对施工工序改进。数据收集完成之后，要及时统计、使用，以免数据丢失。BIM 实现了质量信息的载体，不仅仅是建立 BIM 模型、构建施工质量信息化系统框架，最重要的也是比较困难的就是将 BIM 模型与施工现场的质量数据和整改状况进行实时对接，做到项目完工时的质量信息与模型一致。BIM 技术的应用为质量信息的收集、整理和存储提供了技术保障。

（6）实时动态跟踪。实时跟踪、及时准确地将质量信息录入 BIM 模型是 BIM 质量管理应用的亮点。使用比较前列的 iBan 浏览器，它使用方便简易，这方面的主要应用有质量信息核对和质量偏差整改。

1）质量信息核对：手机、iPad 可下载 iBan 客户端，查看设计图纸施工部位的质量信息，方便施工员、监理员、班组长及施工人员核对信息，应用 BIM 省时省力而且增加准确性。施工员要及时将质量核对的时间、天气、工程部位等文字信息和反映质量状况的图片信息录入 BIM 模型。

2）质量偏差整改：发现质量误差时要及时整改，并把质量整改时间、整改结果等以图片和文档的形式录入 BIM 模型。

3. 质量管理措施及步骤

质量控制管理宜遵循下列步骤：

（1）根据设计图纸创建设计模型。

（2）依据工程实施内容和质量目标，进行初步质量目标实现策划。

（3）根据策划流程基于 BIM 平台建立质量数据库，并在数据库中建立相应的工作任务流程，所有的质量控制资料基于流程进行审批运转并储存于相应的文档视图中。

（4）根据质量控制措施调整设计模型，并附加相应的质量控制信息，形成质量管理模型。

（5）基于质量管理模型进行施工工况分析，确定各施工阶段工程项目质量控制点。

（6）根据质量控制措施制作质量控制样板模型，通过模型检验控制措施的合理性。

（7）结合质量管理模型以及质量控制样板模型进行质量预演，发现处理质量控制问题，形成质量控制措施优化方案。

（8）审核优化方案并修改措施内容，基于最终质量控制方案和质量控制数据库进行工程项目现场质量检测的预布置以及检测工具的选用，形成具备施工可行性的质量控制措施计划以及质量控制数据库、质量管理场地模型、质量管理样板模型。

（9）持续改进相关措施和模型。

3.3.3 物业运维运营

随着全球建筑行业日趋规模化、复杂化、快速化，BIM 技术在建筑行业日益成熟并逐步推广开来。但是我们也能发现，BIM 技术的应用大都集中于建造项目的前期设计、施工阶段，投入大量人力、物力、财力的 BIM 模型，在建筑完工交付后大量闲置。一些国内领先的开发商敏锐地意识到这一点，投资的低效应用也导致运营管理问题层出不穷，他们在吸纳国内外的 BIM 运维经验后，进行了大胆尝试，在 3D 能效管理平台的基础之上为运维管理量身打造，将 BIM 与能源管理系统进行融合。项目中还有更多的系统逐步接入 BIM 运维平台，为物业管理提供更多的帮助，为整体市场基于 BIM 的运维做出了新的尝试。在不远的将来，BIM 除了覆盖物业管理，也将会延伸至商业管理中，也许将整合建筑物整个生命周期的建筑信息及应用也未可知。

运维管理是将资源集中管理并对其进行改进处理，进而保证企业效益，增强其核心竞争力。将 BIM 技术在物业运维管理应用，实现了物业运维管理数据信息集成共享，不但提高了信息的使用频率及使用效益，而且能够利用三维可视化对物业设备装置所处状态进行实时监控，在很大程度上能够帮助物业运维管理贯彻实施信息化进程，节约能耗，使得工作效益不断提升，也增强了企业的核心竞争力。针对我国目前物业运维管理信息化远不能满足企业的发展需求，顺应信息化发展趋势，对 BIM 在物业运维管理中所起到的作用进行分析，主要就是为了帮助物业运维管理能够找到一种更加高效的管理模式。

1. 智慧物业运营的 BIM 云端系统协同平台框架

结合 BIM 技术，对物业运营可划分为资产管理、空间管理、租户管理、节能管理及安保控制五大运营管理系统，在 BIM 云端系统平台上，各管理系统中所有信息可实时调用、充分共享、实现协同管理和远程控制，如实时跟踪每个设备运行状态，对出现故障的设备可迅速定位并了解管线布置状况、设备技术参数及维修信息。平台模块中任何信息发生变更，其他模块都会同步关联和及时更新。

（1）资产管理模块。通过 BIM 云平台能够获得设备管线和固定资产等各类信息，如设备的技术参数、使用期限、所在位置、供应商及维护情况等，可实现设备信息查询、自助报修、预警及报警和计划性维护，为设备提前检修、保养、更换做出预警，避免因设备老化、检修不及时对业主造成的不良影响，有效降低人员成本及赔付成本。

（2）空间管理。BIM 空间模块可以对建筑各个区域、房间及构件信息进行查询，通过集成数据库与可视化图形跟踪大厦空间使用情况，灵活快速收集空间使用信息，制定合理和预测的空间分配方案，确保空间资源的相当大化使用，降低空间使用费用，提升收益率。在处理用户提出的空间变更请求时，亦可以分析现有空间布局情况，对空间分配的请求做出响应，满足业主在空间方面的需求。

（3）租户管理。租户管理模块记录了每个租户的信息，如租户位置和面积等几何信息、名称和租约及缴费情况等非几何信息；针对繁杂租户进行分类管理及房屋出租合同等信息管理，对租户变更和租金变更等情况进行实时调整和更新，促进物业出租率，降低能源的消耗，提升整体物业的价值。

（4）节能控制。BIM 技术与物联网技术的联合应用，可以通过数据和图形直观了解复杂而庞大的建筑设备系统及其运行状态，实现日常能源消耗情况的有效统计与监控。BIM 云平台收集了各设备的能源消耗信息，如空调运行策略，气流、水流及能源分布，大堂、中庭、夜景及庭院的照明情况，可以对能源消耗情况进行自动统计分析，并使建筑各区域、各用户的每日用电量、每周用电量都可清晰显示，对异常能源使用情况进行警告或者标识，为管理者进行能源管理提供可靠的依据。

（5）安保控制。基于 BIM 云平台的安保系统主要包括了事故处理和人员定位两方面。事故处理中，BIM 云平台与智能控制系统结合，不但可以进行视频监控，还可以对任一区域进行可视化管理，如信息模型界面中可以显示着火位置，并自动跳出报警界面位置，无须人员现场确定，通过控制中心可实时掌握安保人员的位置，通知离事发地点最近的安保人员前往处理，并持续跟踪处理完成情况，节约救灾时间。BIM 技术提高了传统靠人工传达及管理人员开会研究处理的效率，依据平台显示的电梯使用情况和逃生路线，迅速决策，同时还可以共享模块间资源，实现灾后恢复计划，如遗失资产的挂账及赔偿要求存盘。安保系统平台的人员定位是利用视频识别及跟踪系统，对不良人员、非法人员等进行标识，自动跟踪及互相切换，对目标进行锁定。

2. 物业服务企业 BIM 云端系统协同平台建设

智慧物业运营 BIM 协同平台存储了海量信息并相关联，集成了物业空间位置、数量、性能及运维等基本信息，克服了信息的缺失和离散，为智慧物业发展提供了新思路，是未来物业运营管理变革的必然趋势，因此，BIM 云端平台系统的建设异常重要。

3. 实施目标及方案

SOHO 项目通过使用多项绿色建筑的先进技术，比如高性能的幕墙系统、日光采集、百分之百的地下停车、污水循环利用、高效率的采暖与空调系统、无氟氯化碳的制冷方式以及优质的建筑自动化体系，为客户提供智慧能源与精细化设备设施管理的服务。

SOHO 中国作为国内知名的地产集团，一直致力于将新的技术与建筑进行融合，提升商业价值的同时，为客户提供更好的体验。2013 年 6 月，SOHO 中国推动旗下的银河 SOHO、望京 SOHO 建设能源管理系统，而博锐尚格大胆地将能源管理系统与 BIM 技术相融合，为项目提供具有更高价值的整体物业管理解决方案——iSagy BIM，基于 BIM 的物业管理系统。这套基于 BIM 的整体解决方案，使空间信息与实时数据融为一体，物业管理人员可以通过

3D 平台更直观、清晰地了解楼宇信息、实时数据等相关节能情况，最终完成 3D 能效管理平台向 BIM 运维管理平台的成功转型。该项创新将对公共建筑的全生命周期管理起到革命性作用。

机械通风系统通过与 BIM 技术相融合，可以在 3D 基础上更为清晰直观地反映每台设备、每条管路、每个阀门的情况。根据应用系统的特点分级、分层次，可以使用其整体空间信息，或是聚焦在某个楼层或平面局部，也可以利用某些设备信息，进行有针对性的分析。

管理人员通过 BIM 运维界面的渲染即可以清楚地了解系统风量和水量的平衡情况，各个出风口的开启状况。特别当与环境温度相结合时，可以根据现场情况直接进行风量、水量调节，从而达到调整效果实时可见。在进行管路维修时，物业人员也无须为复杂的管路而发愁，BIM 系统清楚地标明了各条管路的情况，为维修提供了极大的便利。

3D 电梯模型能够正确反映所对应的实际电梯的空间位置以及相关属性等信息。电梯的空间相对位置信息包括门口电梯、中心区域电梯、电梯所能到达楼层信息等；电梯的相关属性信息包括直梯、扶梯、电梯型号、大小、承载量等。3D 电梯模型中采用直梯实体形状图形表示直梯，并采用扶梯实体形状图形表示扶梯。BIM 运维平台对电梯的实际使用情况进行了渲染，物业管理人员可以清楚直观地看到电梯的能耗及使用状况，通过对人行动线、人流量的分析，可以帮助管理者更好地对电梯系统的策略进行调整。

BIM 运维平台中可以获取建筑中每个温度测点的相关信息数据，同样，还可以在建筑中接入湿度、二氧化碳浓度、光照度、空气洁净度等信息。

温度分布页面将公共区域的温度测点用不同颜色的小球直观展示，通过调整观测的温度范围，可将温度偏高或偏低的测点筛选出来，进一步查看该测点的历史变化曲线，室内环境温度分布尽收眼底。物业管理者还可以调整观察温度范围，把温度偏高或偏低的测点找出来。结合空调系统和通风系统的调整，可以收到意想不到的效果。通过与水表进行通信，BIM 运维平台可以清楚显示建筑内水网位置信息的同时，更能对水平衡进行有效判断。

通过对整体管网数据的分析，可以迅速找到渗漏点，及时维修，减少浪费。而且当物业管理人员需要对水管进行改造时，无须为隐蔽工程而担忧，每条管线的位置都清楚明了。

BIM 运维平台的应用场景远远不止上文提到的功能，它是建筑内最顶层的平台，与建筑内各个系统对接的同时，还可以横跨建筑的物业管理、商业管理等多个领域。而且在 BIM 平台高可视化的基础上，可能一个很小的技术创新就可以带来客户更好的应用体验。试想当客户不再需要为寻找车位而烦恼，不再为孩子在商场内乱跑而担心，不再为去哪家店而难以抉择的时候，他们可以把更多精力放在商家为他们提供的用户体验上，从而为商家创造更多的关注和价值。

案 例 分 析

BIM 系统是一种全新的信息化管理系统，它通过数字信息仿真模拟建筑物所具有的实体及非实体信息（如建筑构件的材料、质量、价格、进度和施工等建筑工程项目相关数据），并实时进行系统中 BIM 模型及其他工程信息的更新，实现建造各方的协同作业、信息交换、虚拟漫游、三维可视化，方便交流沟通及信息传递，为建筑的全生命周期管理提供平台。在整个系统的运行过程中，要求业主、设计方、监理方、总承包方、分包方、供应方多渠道和多方位的协调，并通过该系统进行工程记录、图纸资料管理、设备材料管理、收发文件等日常工作和管理。在 BIM 系统概况中应明确 BIM 系统的应用方向及目标、工作计划、BIM 系统实施的保障措施等内容。

4.1 商业综合体项目案例

4.1.1 项目概况

某广场项目为重点大型综合体项目，业态功能多样，由商业、酒店、办公、SOHO 办公、住宅等业态组成，总建筑面积约 45 万 m^2。项目开发坚持功能多样化、空间环境多变化的原则，打造商业、办公、居住交互开发的综合性城市中心，利用不同的建筑设计手法与空间布局形式，营造出丰富、灵活、舒适、互动的商业街区氛围、突出不同使用功能交互空间的特点。项目在设计、招标、施工等多个阶段应用 BIM 技术，不仅在设计阶段为建筑室内外空间优化、结构选型、机电选型等提供决策依据与解决方案，更在 BIM 工程量清单编制、机电安装深化设计、BIM 信息化交互平台建立等方面开展 BIM 创新应用，以提升项目建设品质。

　　此项目的目标是打造"节能、绿色、环保"的建筑。因此在项目管理上积极实践工程信息化，无论是设计、施工还是未来的运营均要求采用建筑信息化系统，以提高管理水平，有效实现高标准、高效率、低能耗、低排放的目标。本工程的项目概况效果图如图4-1所示。

图4-1　某城市广场效果图

本工程的难点和特点如下：

　　（1）工程体量较大，功能业态组织较多，结构布置体系及机电系统较为复杂。以超高层为例，结构布置体系与异形幕墙关系复杂，机电安装工程量大，管线综合排布复杂，给项目整体实施带来了巨大的设计挑战。

　　（2）本项目作为当地重点商业综合体项目，品质要求较高。例如，超高层作为超5A级办公，净空控制要求极其严格；外立面做法、材料交接等细部精益求精。

　　（3）由于本项目整体规模较大且分区域实施，设计人员、施工分包商众多，以暖通工程为例，设计由三个团队完成，施工由四家分包完成，参建方众多导致设计、施工协同工作较多，信息交互组织难度较大；例如，众多设计方的技术对接、整合，提交问题追踪审查，现场交底等。

4.1.2　BIM的招标要求

1. 实施团队要求与现场服务

　　要求中标单位应组织相关BIM培训，分为管理人员与技术人员培训两类。通过培训，管理人员能熟练操作应用BIM相关功能，技术人员能够熟练掌握进行BIM模型的创建与应用工作。

（1）协助完成国内外 BIM 奖项、相关论文的资料整理及科技成果的申报。

（2）应提供 1 名项目经理，至少 2 位驻场 BIM 顾问，6～8 名 BIM 中高级工程师参与项目，需具备 1 名 BIM 专家作为实施团队的高级咨询顾问。

（3）项目经理应具有本科以上学历，工业与民用建筑或工程管理相关专业毕业，具有 3 年以上施工现场经验，且有 3 个 10 万 m² 以上规模项目的 BIM 技术咨询及实施经验。

（4）驻场人员需具备 2 年以上 BIM 实践及施工管理经验，驻场人员专职为本项目服务。

（5）应有足够的团队人员配置，满足本工程集中建模时的需求。

（6）中标单位必须派驻足够的 BIM 系统专业技术人员常驻项目，进场后需提供本工程 BIM 实施策划方案、工作流程等相关资料，进行建模工作及信息录入等工作，并保证现场进度需要。

（7）企业注册资本金在 100 万元及以上，并通过 ISO 9001 质量管理体系认证。

（8）公司具备一定的二次开发能力，能根据项目实际应用要求进行 BIM 数据接口或 BIM 应用功能的开发。

（9）公司近两年实施不少于 10 个 BIM 项目案例，并获得 BIM 相关奖项或成为省部级观摩项目。

（10）本次招标不接受联合体参选。

2. 招投标阶段 BIM 技术应用评标标准和方法

招标人通过招标文件对投标人提出投标阶段和施工阶段的 BIM 技术应用要求，投标人据此进行投标，如果中标，中标单位在施工过程中按招标文件的要求完成对施工阶段的 BIM 技术应用。

投标人在投标阶段涉及的 BIM 技术应用包括以下几个方面：

（1）施工阶段 BIM 技术应用的实施方案（包括人员组织、软件组成、技术路线、BIM 完成的工作内容和目标）。

（2）结构、管线交互碰撞检查（提供 BIM 模型和检查结果汇总表）。

（3）在 BIM5D 平台上进行施工模拟（模拟施工进程和进度）。

（4）在 BIM 5D 平台上任选进度节点和进程段，能动态实时显示相应的资源（人、材、机）消耗量和对应的造价。

（5）重要施工工艺模拟。在招标文件中，可对以上 5 个方面或某几个方面分别设定一定的满分分值，评标时评委根据各投标单位提供的投标文件及电子附件进行评审打分。

4.1.3　BIM 的实施模式

　　由于 BIM 的核心价值体现于解决工程项目中多参与方和多专业信息交换与共享的问题，因而需要建立能够协调多参与方的应用模式。工程项目的众多参与方中，唯有建设方（业主）能够保证与众多参与方建立直接或间接的合约关系，因此，建设方驱动的 BIM 应用模式不仅符合 BIM 的理念，并且有助于其推动实施。同时，建设方相比其他参与方能够参与到项目的更多阶段，尤其在自建自用型项目中，建设方可以参与规划、设计、施工和运营维护全过程，因此建设方驱动的 BIM 应用模式有利于贯穿项目始终，实现项目的全生命周期管理。

　　建设方驱动的 BIM 应用模式按照应用的主导方不同又可以分为设计主导、咨询辅助、业主自主 3 种，分别具有不同的特点和适用情形，见表 4-1。其中咨询辅助和业主自主的模式更适于大型工程和涉及全生命期的深度应用，两者的区别在于业主自主模式需要建设方自建 BIM 团队，投入较大且成效较慢，对于非从事大量多次建设的业主而言可行性较低；而咨询辅助模式通过专业的 BIM 团队与建设方配合，专业性能够保证而且经验丰富，容易取得较好的应用效果。

表 4-1　　　　　　　　　　三种应用模式适用情形

BIM 应用模式	特点	适用情形
设计主导	1. 合同关系简单，合同管理容易 2. 业主方实施难度较低 3. 对设计承包方的 BIM 技术实力存在考验 4. 设计招标难度大，具有风险性	1. 信息模型建立简单的项目 2. 适用于中小型规模、BIM 技术应用相对较为成熟的项目 3. 大部分情况下，交由第三方运营管理
咨询辅助	1. BIM 咨询单位一般具有较高的专业技术水准，有利于 BIM 技术应用 2. 有利于项目运营效益的发挥 3. 建设期结束后项目需要移交	1. 适用的项目范围、规模大小较为广泛 2. 业主方可交由第三方运营管理，也可以"自己建自己管"
业主自主	1. 业主方自建 BIM 团队 2. 项目建设期结束后，参建人员转而进入后期运营管理 3. 不需要 BIM 技术培训及交底 4. 要求业主具有较雄厚的经济技术实力	1. 适用于规模较大、涉及专业较多、技术较复杂的大型工程项目 2. 大部分情况下，业主方需要"自己建自己管"

本项目采用建设方主导、咨询辅助的模式进行 BIM 的应用实施。具体的组织实施方式如图 4-2 所示。在设计阶段，BIM 咨询方根据多家设计单位提供的设计图纸建立 BIM 设计模型，并进行基于 BIM 的模拟与性能分析，提出设计优化改进建议，通过图纸与模型的迭代修改辅助完成设计工作；在施工阶段，建设方与各个施工承包方共同应用咨询方研发的基于 BIM 的 4D 施工管理和项目综合管理系统进行施工过程的管理，围绕建设方对工程施工的管理需求，同时兼顾各方的业务流程，明确各参与方在系统应用过程中的工作流程和权责，协同应用、协同管理，利用 BIM 技术和系统应用进行项目的全方位管控。

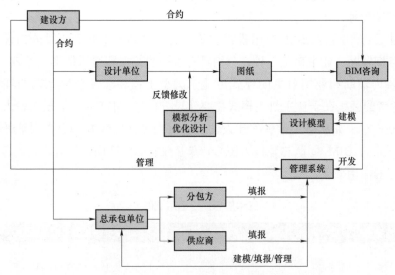

图 4-2 案例项目 BIM 组织实施方式

4.1.4 BIM 的实施规划

基于业主方的视角，在工程项目中实施应用 BIM 可以划分为三个步骤：一是在全面分析项目概况的基础上，根据建设项目具体内容与特点确定 BIM 应用目标，制订 BIM 总体目标及各阶段具体目标；二是根据已确定的 BIM 应用目标编制 BIM 实施规划，确定技术规格、组织计划及保障措施等；三是具体实施应用与评估，及时检查、监督实施效果，修正实施计划、目标。业主方 BIM 实施框架如图 4-3 所示。

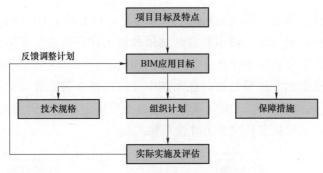

图 4-3　业主方 BIM 实施框架

4.1.5　BIM 的应用目标

本项目 BIM 应用总体目标是面向全生命周期的集成管理，如降低成本、提高项目质量、缩短工期、提升效率和经济效益等。阶段性目标是在策划、设计、施工、运营等不同时期预期实现的具体功能性目标，如在前期策划阶段，实现快速建模、方案效果可视化展示、调整及审核。

在设计阶段，可进行协同设计、环境分析、碰撞检测等，减少因设计缺陷而可能导致的问题。在施工阶段，可进行深化施工设计、虚拟施工等。在运营阶段，实现设备自动检查、维修更换提醒、协同维护，有利于运营战略规划、空间管理和改造决策等。BIM 技术在项目全生命周期的应用如图 4-4 所示。

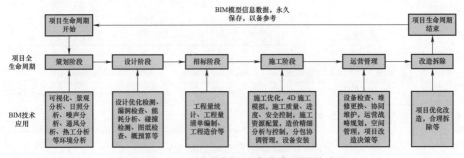

图 4-4　BIM 技术在项目全生命周期的应用

本项目在实施初期即制订了完整的 BIM 实施方案，明确了设计、施工、运维 3 个主要阶段的应用点、应用流程和应用目标。图 4-5 为面向施工阶段的多参与方协同 BIM 应用流程，该流程从设计方提交设计成果开始，在咨询方依据设计图纸建立的设计模型的基础上，加入工程进度计划、工程预算、场地布置等施工信息，形成 4D 施工 BIM 模型，通过基于 BIM 模型的碰撞检测、仿真分析、施工动态模拟对设计结果和施工计划等进行深化和优化。工程开工后，施工总承包方和分包方在基于 BIM 的项目综合管理系统中填报工程施工的进度数据和质量数据，在系统中经过监理方的监督与审核，最终与 4D 施工管理系统中的施工 BIM 模型相集成并呈现给建设方的相关管理部门，支持建设方对工程施工状况的实时管理和控制。

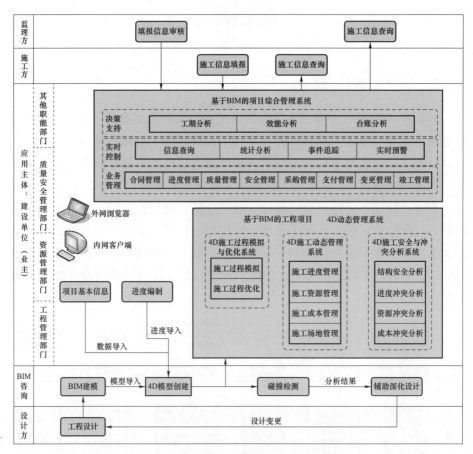

图 4-5　多参与方协同 BIM 应用流程

4.1.6　BIM 应用的基本原则

（1）整体策划，分步实施。策划阶段坚定 BIM 的投入，由咨询单位提供技术支持，按计划落实，分步骤实施。

（2）遵循标准，规范流程。在项目上要制订 BIM 应用导则，实现共同建模、共同传递模型、共享数据、规范流程。相应的流程需要进行规范，对文件的命名、管件的延伸也都要做详细的规定。

（3）BIM 同步，应用延续。完全用三维技术做设计是不可能的，因此要求二维和三维模型的图纸差距不要太大，要同步。

（4）主动推进，商务支持。现在有很多项目确实在一开始招标的时候就提出了运用 BIM 的要求，但由于没有对应的商务支持（资金支持），导致最后走向了形式主义。BIM 的引进应该是业主方、设计方及施工方共赢的，设计方使用这个技术不仅提高了品质，也增强了企业自身的核心能力，他们也会因此增加非常多的工作量，但也应有相应的收益；施工方可以更加科学地管理生产工作。鉴于此，我们在一开始就为此项目的 BIM 团队提供了大力的商务支持。

4.1.7　BIM 组织计划

在本工程中，建设单位和 BIM 咨询方针对 BIM 应用工作建立 BIM 团队，其结构设置如图 4-6 所示。双方根据 BIM 实施目标，明确各自项目需求，制定 BIM 建模标准、计算规则、项目标准、进度安排等事宜。为确保沟通渠道高效畅通，建设单位与 BIM 咨询方通过线下项目会议和线上网络平台会议定期对项目进展、存在问题、下阶段计划、BIM 模型确认交底、技术讨论、成果评价等方面进行沟通交流并记录备案。

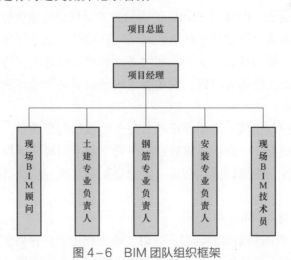

图 4-6　BIM 团队组织框架

各级人员主要职责如下：

（1）项目总监由咨询公司工程顾问总监担任，主要职责是负责项目监督和组织落实，实施方案的审核，相关调研工作总牵头。

（2）项目经理由 BIM 大区总监高级 BIM 顾问担任，主要职责是负责项目的执行和具体操作统筹、实施方案的制订，实施进度的把控，负责项目实施质量控制，负责各专业 BIM 模型质量把控。

（3）现场 BIM 顾问由 BIM 工程师担任，主要职责是负责现场培训指导、需求搜集、问题反馈、资料提交、会议组织、系统调试架设、日常维护等。

（4）土建专业负责人由土建高级 BIM 工程师担任，主要负责土建 BIM 模型的建立，专业技术协调管理，涉及 PBPS（Project BIM Whole Process Consulting Services，项目全过程 BIM 服务）土建部分服务内容的实施和沟通。

（5）钢筋专业负责人由钢筋高级 BIM 工程师担任，主要负责钢筋 BIM 模型的建立，专业技术协调管理，涉及 PBPS 钢筋部分服务内容的实施和沟通。

（6）安装专业负责人由安装高级 BIM 工程师担任，主要负责安装 BIM 的建立，专业技术协调管理，涉及安装部分服务内容的实施和沟通。

（7）现场 BIM 技术员：由现场核算员或相关协调人员担任，主要职责是负责现场与咨询方 BIM 小组进行工作对接；负责协助咨询方进行 BIM 模型维护。

4.1.8 BIM 保障措施

1. BIM 实施保障措施

（1）沟通渠道。BIM 实施团队的沟通方式有网络沟通渠道和现场会议沟通渠道。网络沟通渠道是指通过电子网络、移动信息交流等方式，来创建、上传、发送和存储项目有关文件，同时必须解决文档管理中的文件夹结构、格式、权限、命名规则等问题。现场会议沟通渠道是指通过现场会议、座谈的方式进行交流。

（2）质量控制措施。为了保证项目每个阶段的模型质量，必须定义和执行模型质量控制程序。在项目进展过程中建立起来的每一个模型都必须预先计划好模型内容、详细程度、格式、负责更新的责任方以及对所有参与方的发布等。

2. BIM 实施与评估

根据 BIM 实施规划实施项目，及时检查工作进展、评估实施效果，科学合理地对已完成工作进行评估、对正在实施的应用进行定期评价，总结建设项目各个阶段 BIM 实施的经验教训，为决策者提供反馈信息，修正目标及执行计划。BIM 实施评价是建设项目 BIM 应用的重要步骤和手段，是项目管理周期中一个不可缺少的重要阶段，对实现 BIM 目标具有重要作用。

（1）模型质量控制。咨询单位需要配合业主做好模型检查工作，每两周检查模型完成情况。模型检查内容见表4-2。

表4-2 　　　　　　　　　BIM 模型检查内容

模型内容	检查内容			
	外形及尺寸检查	冲突检查	命名检查	模型信息
深化设计模型	正确表达设计意图，保证模型与深化图纸的一致性	应充分考虑其他专业施工要求，减少冲突	满足规定要求	尺寸、材质等简要信息
竣工模型	涵盖变更洽商等内容，保证模型与现场的一致性	符合现场实际	满足规定要求	生产厂家、设备编号、保修联系单等运维信息

对不合格的模型，咨询单位需在 3 天内调整完善，并重新上报。

（2）其他成果质量控制。对 4D 施工模拟、复杂工艺三维模拟、工程量统计、物流管理等成果，应做到紧密结合施工实际，并在一定程度上优化施工实施和成本控制，不能形成孤立的应用。各成果按计划提交总承包方后，经咨询单位与业主单位共同审核通过后，作为 BIM 应用成果统一上传至 BIM 协同平台进行全面应用。

（3）BIM 成果交付内容。目前，国内对 BIM 技术交付成果的相关规定和标准并不完善，对于 BIM 技术在工程项目各阶段的成果交付缺少约束和指导。本文将 BIM 技术成果交付的主要方面：

1）交付成果的准确性：BIM 技术成果交付要确保所包含的工程项目几何信息和非几何信息的准确性，对与模型和构件的相关属性信息及构件在模型中的关联位置关系的设定要准确无误，非几何类的模型信息应满足相关国家标准规定，在交付之前协同相关单位进行检查、审核，保证交付成果准确。

2）成果交付的一致性：各参建单位按照项目规定提交统一格式、统一命名标准的成果文件，保持与设计图纸的一致，符合出图标准要求，保证 BIM 模型数据的一致性和完整性，各阶段提交的 BIM 模型成果要和同期项目实施进度保持同步。

3）交付深度：各参建单位提交的 BIM 模型和成果信息应符合各阶段 BIM 模型精度要求，在工程项目实时协同过程中，各阶段 BIM 模型和成果信息符合相关深度、内容要求，确保满足后续专业对模型信息的需求。

咨询单位按照表 4-3 中的交付截止日期向业主单位提交 BIM 成果，咨询单位负责对 BIM 成果进行审核整合，并交付与业主。对于施工深化设计阶段的施工模型，咨询单位需整合模型提交给设计总负责单位进行校验。同时，为了配合项目数字化建设管理平台，还将定期提交结构化或者电子化表单。并根据合同，提交施工阶段 BIM 竣工模型。

表4-3   BIM 成 果 交 付 表

交付项目	交付阶段	预计截止日期	责任方
施工深化图纸	深化设计阶段	参照《总进度计划》	咨询单位、设计单位
施工深化 BIM 模型	深化设计阶段	参照《总进度计划》	咨询单位、设计单位
施工深化整合模型	深化设计阶段	参照《总进度计划》	咨询单位
碰撞检测报告	深化设计阶段	参照《总进度计划》	咨询单位、设计单位
碰撞解决方案	深化设计阶段	相应部分施工 3 天前	咨询单位、设计单位
4D 施工模拟	施工阶段	相应部分施工 3 天前	咨询单位、设计单位
施工方案模拟	施工阶段	相应部分施工 3 天前	咨询单位、设计单位
非重大变更引起的模型修改	施工阶段	相应部分施工 3 天前	咨询单位、设计单位
竣工模型	竣工阶段	在出具完工证明以前	咨询单位
竣工电子文档	竣工阶段	在出具完工证明以前	咨询单位

4.1.9 BIM 的实际应用

BIM 作为数字化的信息模型，为协同建设项目全生命周期各阶段、各专业提供协同平台。利用 BIM 技术在整个建设过程当中集成建设项目各阶段、各专业的相关信息并将信息从上至下进行无损高效地传递，使不同的专业在建设项目的各个阶段能够充分共享信息资源，根据自身工作的需要提取相应的信息并将自身信息及时整合反馈，通过这种信息的共享反馈，有效地避免了二阶段"信息孤岛"情况的出现，为各参与方能及时高效地做出各项决策提供了可靠的依据。

本项目 BIM 技术的应用可分为设计阶段、施工阶段和运维阶段，其应用模式如图4-7所示。

4.1.9.1 设计阶段 BIM 应用

1. 施工图模型创建

（1）实施目标。基于设计图纸进行各专业模型设计创建，在创建过程中，对设计方案进行检查，发现设计阶段的错漏碰缺问题，形成图纸问题清单，提前解决设计问题，减少后续项目因设计问题引起的现场签证变更。

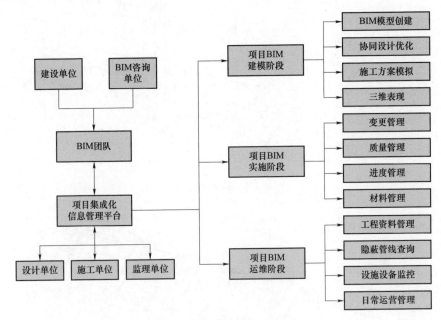

图4-7 BIM技术应用模式

（2）实施成果（见表4-4）。

表4-4 实 施 成 果

序号	输出成果	技术软件	成果格式
1	设计模型	Revit/Rhino	.rvt/.3dm
2	工程联系单	Word	.docx

（3）实施样例（见图4-8～图4-13）。

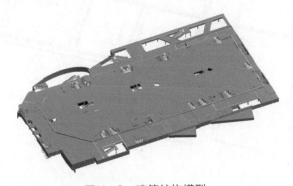

图4-8 建筑结构模型

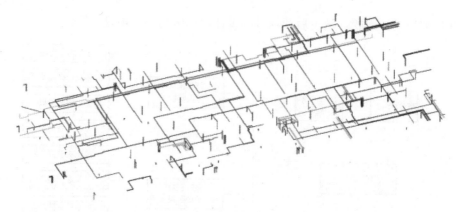

图 4-9 给水排水模型

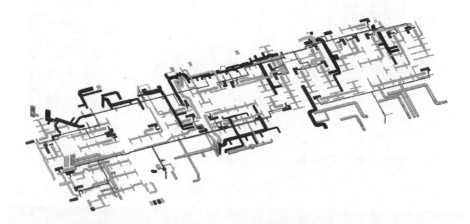

图 4-10 暖通模型

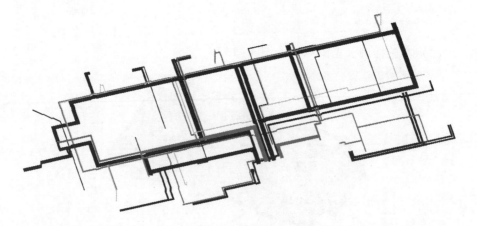

图 4-11 电气模型

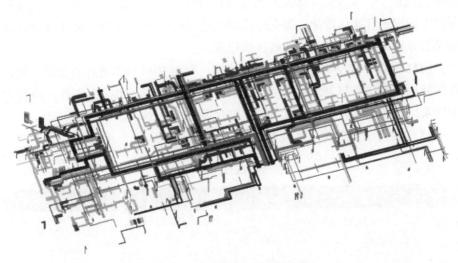

图4-12 机电管线综合模型

图4-13 装饰装修模型

2. 管线综合及净空优化

（1）实施目标。根据碰撞检测报告及净高控制原则，对管线进行优化工作，针对优化后管线模型，提交项目相关机电设计人员审核，保证优化工作的合理和可实施性。

在施工准备阶段，BIM团队结合项目实际情况明确深化设计内容，并组织编制深化设计BIM应用标准，规范深化设计内容及成果。BIM团队结合

BIM 深化模型、现场实际情况及相关设计规范、施工规范，以 BIM 深化设计标准为依据进行深化设计，提交深化设计进度计划。对完成的 BIM 深化设计成果做好深化设计记录及图纸确认单记录。

　　BIM 团队针对设备管线进行校核优化，利用 BIM 技术进行方案的布置、管线路由优化调整以及管线尺寸的校核，提供多种方案供业主选择，确保方案的实用、经济、美观以及现场施工的合理性。

　　（2）实施成果要求（见表 4-5）。

表 4-5　　　　　　　　　　　实 施 成 果 要 求

序号	输出成果	技术软件	成果格式
1	机电深化模型	Revit	.rvt
2	工程联系单	Word	.docx
3	净空优化报告	Word	.docx

　　（3）实施样例（见图 4-14～图 4-17）。

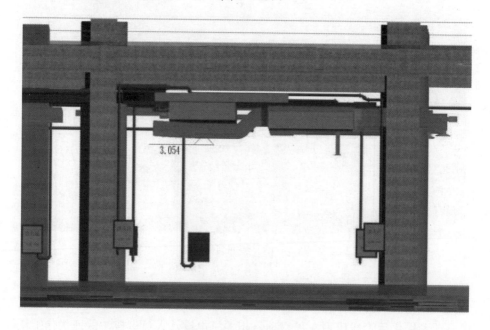

图 4-14　走道净空分析

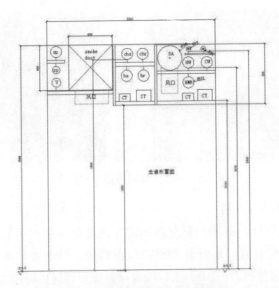

图4-15 走道净空分析管线布置图

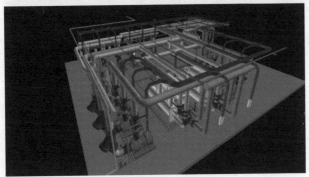

图4-16 机电方案布置

图 4-17　管线布置方案优化

3. 各专业碰撞检测

（1）实施目标。根据规范及现场实际施工中专业间距要求，通过软件进行碰撞检查间距设置，运行软件碰撞检查功能，自动查找不满足间距要求的管线，并生成碰撞报告；BIM 工程师根据碰撞报告提供解决方案，以书面报告的形式提交业主及设计院审查确认，根据报告回复内容修改，更新深化模型。

（2）实施成果（见表 4-6）。

表 4-6　　　　　　　　　　实 施 成 果

序号	输出成果	技术软件	成果格式
1	碰撞检测报告	Word	.docx
2	工程联系单	Word	.docx

（3）实施样例（见图 4-18 和图 4-19）。

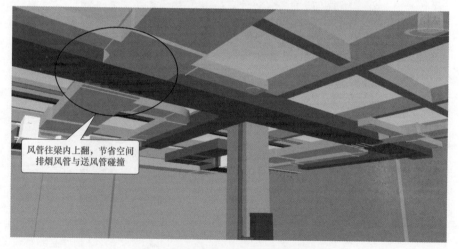

风管往梁内上翻，节省空间
排烟风管与送风管碰撞

图 4-18　排烟风管与送风管碰撞

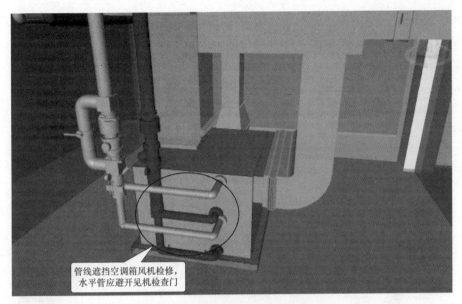

管线遮挡空调箱风机检修，
水平管应避开见机检查门

图 4-19　管线遮挡空调箱风机检修

4. 工程量统计

（1）实施目标。利用 BIM 模型对各专业进行主要材料提取（混凝土、二次砌体、钢结构、装饰面层、机电主材），出具符合国家/地方标准的工程量清单，为项目材料预核算提供支撑。

（2）实施成果（见表 4-7）。

表 4-7　　　　　　　　　　实　施　成　果

序号	输出成果	技术软件	成果格式
1	混凝土工程量清单	新点比目云	.xlsx
2	二次砌体工程量明细表	Revit	.xlsx
3	钢结构工程量明细表	Tekla	.xlsx
4	装饰面层工程量清单	新点比目云	.xlsx
5	机电主材工程量明细表	Revit	.xlsx

（3）实施样例（见图 4-20～图 4-22）。

5. 深化出图

（1）实施目标。BIM 团队根据业主要求及项目实际需求，根据已有企业标准及国家、地方标准为本项目量身定制 BIM 深化制图标准。深化制图标准经业主审批后应用于本项目的深化出图。利用深化后模型，直接导出深化图纸。深化设计图纸主要包括管线综合深化图，各专业平、立、剖面深化图、机房深化图、管井深化图、预留预埋图、支架详图、设备安装详图等。项目施工阶段可基于深化图纸指导现场施工。

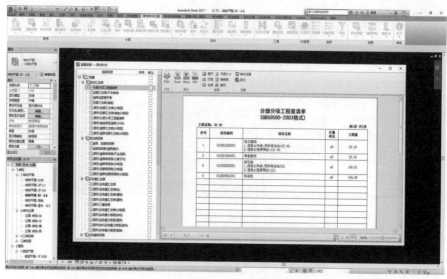

图4-20 混凝土工程量清单

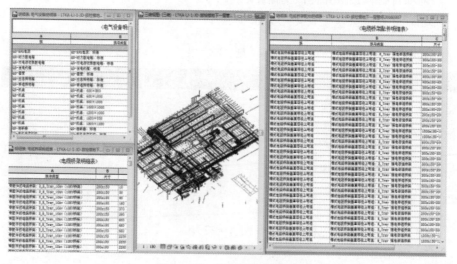

图4-21 电缆桥架明细表

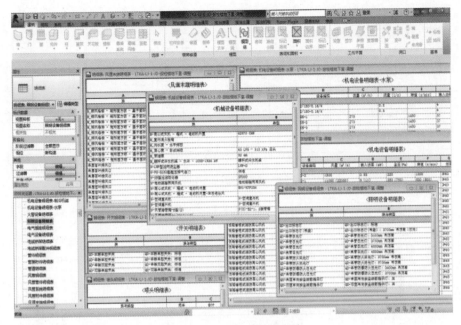

图 4-22　各种构件明细表

（2）实施成果（见表 4-8）。

表 4-8　　　　　　　　　　　实 施 成 果

序号	输出成果	技术软件	成果格式
1	机电深化平面图	Revit	.dwg
2	机电深化剖面图	Revit	.dwg
3	支吊架深化平面图	Revit	.dwg
4	支吊深化架剖面图	Revit	.dwg

（3）实施样例（见图 4-23～图 4-25）。

4.1.9.2　施工阶段 BIM 应用

根据设计图纸、施工计划和施工方案，建立工程项目的三维模型，完成项目 WBS、进度计划、资源管理、施工场地布置的相关数据录入，生成项目的 4D 施工信息模型。进行基于网络环境的 4D 进度管理、4D 资源管理、4D 施工场地管理、4D 施工安全分析和 4D 施工过程可视化模拟等功能，实现了施工进度、人力、材料、设备、成本和场地布置的 4D 动态集成管理以及施工过程的 4D 可视化模拟。

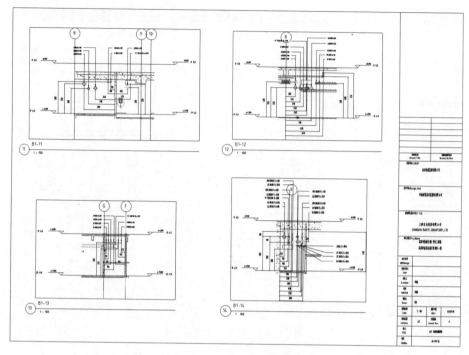

图 4-23　剖面深化图纸

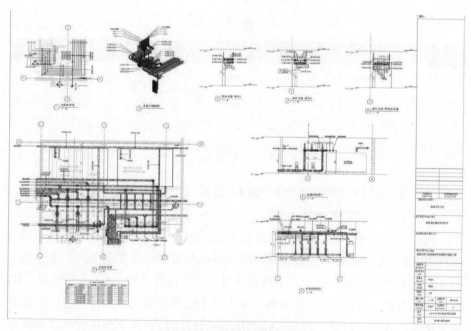

图 4-24　复杂区域深化图纸

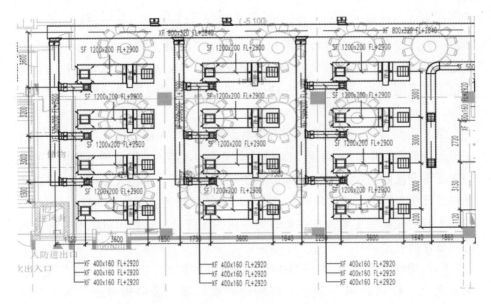

图4-25 单专业深化图

（1）进度管理。施工方在综合项目管理系统中填报的实际进度数据，经过归纳并处理后会成为4D-BIM系统中的进度计划WBS，并自动关联到BIM模型中的建筑构件。通过实际进度与进度计划相对比，从而实现4D过程模拟、4D进度控制、追踪分析、滞后分析和前置任务分析等功能。比如，可以按指定的时间段对整个工程、WBS节点或施工段进行进度计划执行情况的跟踪分析以及实际进度与计划进度的对比分析。当某一任务延误后，系统自动分析后续任务受到的影响，提醒管理者有针对性地管控进度，保证工期。

（2）变更管理。针对本工程中施工阶段出现的设计变更，BIM咨询方将设计变更内容导入BIM模型并关联相关构件，快速汇总工程变更所引起的相关的工程量变化、造价变化及进度影响并生成报表记录保存，建设单位项目管理人员依据这些数据信息及时调整人员、材料、机械设备的分配，有效控制变更所导致的进度、成本变化。同时，变更引起相应的费用补偿或者工期拖延可以以表格的形式记录存档，为项目后期建设单位进行索赔管理提供数据依据。

（3）质量管理。建设单位现场管理人员利用信息交互平台对工程项目的施工过程进行记录，对质量控制要点在系统中进行记录，方便工程质量管理，为后期出现问题的追责作依据。

建设单位管理人员利用移动端设备采集现场数据，对施工过程中发现的质量问题、安全风险等进行拍照记录并上传到 BIM 模型，在 BIM 模型中准确定位问题位置，生成相关质量问题记录报表。各参建方根据各自权限查看各自工作范围内的质量问题，安排专人进行整改处理，消除问题后上报审核消除。

（4）资源管理。本项目通过开发数据接口，导入由算量软件生成的项目工程算量数据，并与 WBS 和 3D 模型实现关联，通过工程量清单与构件的关联进而得到按照进度计划随时间分布的动态工程量，工程人、材、机资源消耗和工程成本数据。通过与项目综合管理系统填报的实际资源消耗进行对比，实现了针对任意施工对象在任意时间段内的工程量、资源用量以及工程成本的动态查询与分析。

（5）场地管理。在 4D－BIM 系统中可以进行 3D 施工场地布置，自动定义施工设施的 4D 属性。将场地布置与施工进度相对应，从而形成 4D 动态的现场管理。可以布置施工红线、围墙、道路、现有建筑物和临时房屋、材料堆放、加工场地、施工设备等场地设施。在场地布置过程中，可以进行场地设施之间以及场地设施与主体结构之间的动态碰撞检测。

1. 施工场地规划

（1）实施目标。通过建立场地模型，在施工前利用 BIM 技术进行土方开挖、基础等工程的施工工序的可视化模拟，优化施工方案，达到控制施工成本、加强现场施工管控的目的。

（2）实施成果（见表 4－9）。

表 4－9　　　　　　　　　实 施 成 果

序号	输出成果	技术软件	成果格式
1	施工场地布置模型	Revit	.rvt
2	施工方案模拟视频	Synchro 4D	.avi
3	工程联系单	Word	.docx

（3）实施样例（见图 4－26 和图 4－27）。

2. 项目可视化交底

（1）实施目标。在项目实施过程中，每周的工程例会及对施工方案的演示，均通过 BIM 模型进行开展，基于 BIM 模型及信息化平台，将模型与现场

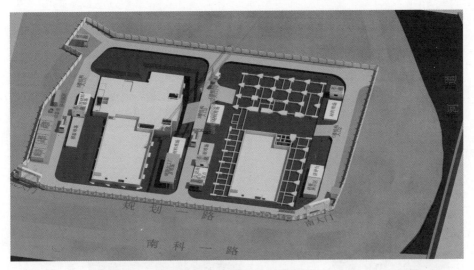

图4-26 施工场地布置模型

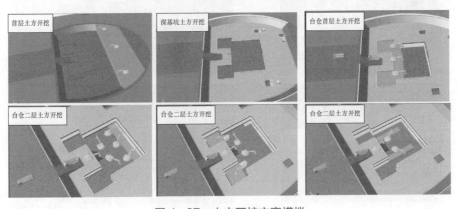

图4-27 土方开挖方案模拟

图片、设计图纸相关联，及时反映工程问题，有效减少沟通过程中信息传递的丢失，极大提高工作效率。

（2）实施成果（见表4-10）。

表4-10　　　　　　　　实　施　成　果

序号	输出成果	技术软件	成果格式
1	可视化交底模型	Navisworks	.nwd

（3）实施样例（见图4-28和图4-29）。

图 4-28　可视化交底

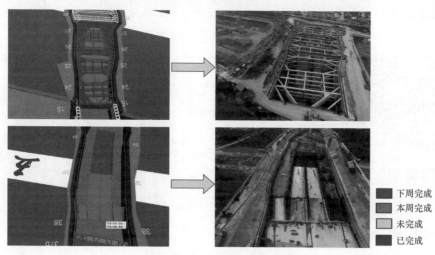

下周完成
本周完成
未完成
已完成

图 4-29　可视化工程进度展示

3. 施工进度管控

（1）实施目标。在施工准备阶段，BIM 团队依照项目建设进度推进 BIM 工作开展，辅助现场进行 4D 施工进度模拟，并组织业主、监理等各参与方对进度模拟进行评估。评审内容主要包括：通过动画表现进度情况，直观反映进度计划安排的合理性；通过进度模拟，结合工作计划，两者进行对比，合理安排项目日常管理工作；通过进度计划模拟直观反映进度计划关键节点及关键施工环节。

在项目实施过程中，配合业主基于进度模拟及现场实际进展对进度计划的重要节点进行掌控，及时处理工程施工进度偏差；结合进度模拟及深化模型，提取阶段性的工程量，制订合理的采购计划。

（2）实施成果（见表 4-11）。

表 4-11　　　　　　　　　　实　施　成　果

序号	输出成果	技术软件	成果格式
1	施工进度动画	Synchro 4D	.avi
2	进度分析报告	Word	.docx
3	施工进度计划	Project	.mpp
4	阶段性工程量明细表	Excel	.xlxs

（3）实施样例（见图 4-30）。

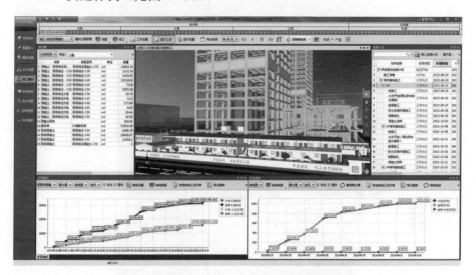

图 4-30　利用 BIM 技术进行施工进度模拟展示

4. 重难点施工方案模拟

（1）实施目标。BIM 团队结合项目实际施工情况明确项目施工重难点，根据重难点方案进行模拟，体现复杂方案施工工艺，提前反映方案施工过程中可能存在的问题，辅助施工单位优化施工方案。同时，BIM 团队配合业主、监理、总承包方、分包方及相应的专家对方案模拟安全性、可行性、经济合理性进行评审，并根据评审意见对其进行修改，对后期施工起到现场指导作用。

（2）实施成果（见表 4-12）。

表4-12   实 施 成 果

序号	输出成果	技术软件	成果格式
1	重难点方案模拟视频	Synchro 4D	.avi
2	工程联系单	Word	.docx

（3）实施样例（见图4-31）。

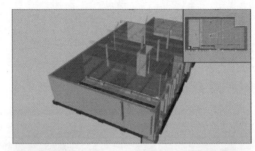

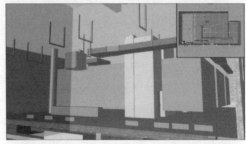

图4-31　利用 BIM 技术辅助机房安装模拟

5. 机电管线洞口预留预埋

（1）实施目标。整合土建、机电各专业模型，结合机电深化结果优化并出具预留预埋深化图纸，确定各关键线路机电管线标高，指导结构专业施工过程的预留预埋工作。

（2）实施成果（见表4-13）。

表4-13 实　施　成　果

序号	输出成果	技术软件	成果格式
1	结构预留孔洞模型	Revit	.rvt
2	预留预埋深化图	Revit	.dwg

（3）实施样例（见图4-32和图4-33）。

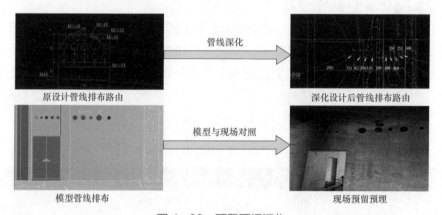

图4-32 预留预埋深化

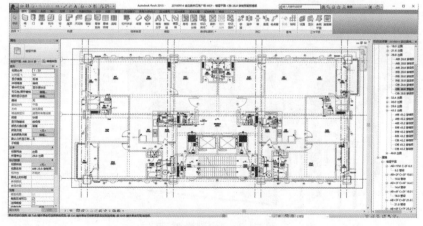

图4-33 预留预埋深化图（一）

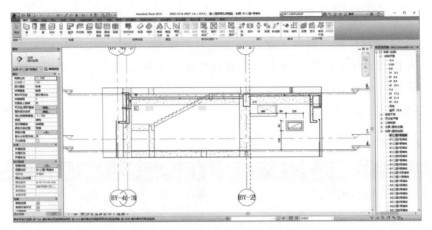

图 4-33　预留预埋深化图（二）

6. BIM 模型维护及更新

（1）实施目标。在现场实施阶段，BIM 团队结合现场实际，对 BIM 模型根据现场变更进行模型及时更新，并对变更模型进行深化出图指导施工，对因设计变更产生的工程量变更提交各参与方供参考，并及时上传至信息化平台，实现模型信息的及时共享。

（2）实施成果（见表 4-14）。

表 4-14　　　　　　　　　实　施　成　果

序号	输出成果	技术软件	成果格式
1	各专业过程模型	Revit/Rhino	.rvt/.3dm
2	各专业过程图纸	Revit/Rhino	.dwg

（3）实施样例（见图 4-34）。

图 4-34　模型变更管理

7. VR/MR 应用

（1）实施目标。BIM 团队根据业主要求，根据以往项目实施经验，通过 VR/MR 技术模拟项目的建造过程，并搭建安全体验馆以代替传统项目的安全体验区，在节约现场用地和安全管理成本的同时，提高现场作业人员的安全文明施工的直观认识。

（2）实施成果（见表 4-15）。

表 4-15　　　　　　　实　施　成　果

序号	输出成果	技术软件	成果格式
1	安全体验场景	UE4	.exe
2	MR 场景	Sketchup	.skp

（3）实施样例（见图 4-35 和图 4-36）。

图 4-35　某项目 VR 安全警示体验馆

图 4-36　MR 机电管线排布展示

8. 无人机应用

（1）实施目标。在现场实施阶段，通过无人机对现场进行定期跟踪拍摄，多角度掌握现场施工进度并与计划进度对比，出现偏差及时调整；同时对现场人力难以到达的位置进行监控，在增强业主对现场管控的同时有效降低施工安全风险。

（2）实施成果（见表4－16）。

表4－16　　　　　　　实　施　成　果

序号	输出成果	技术软件	成果格式
1	形象进度照片	/	.jpg
2	现场布置漫游视频	/	.avi

（3）实施样例（见图4－37）。

图4－37　现场布置漫游

4.1.9.3 基于 BIM 的项目综合管理

基于 BIM 的项目综合管理系统的应用实现了项目信息的远程填报、审核与查询，通过信息集成，经过审核的远程填报的实时施工数据最终集成到4D-BIM 系统中，直接与施工 BIM 模型相关联，实现了跨平台的多参与方协同 4D 管理。实际应用中，施工方负责实时上传施工进度、施工质量、安全记录、工程量等数据，勘测方负责上传仪器检测数据。施工方上传数据后系统会自动通知监理方对施工数据进行审核，监理方同时负责上传质检表。该系统基于 B/S 架构，方便易用，各参与方可以通过平板电脑在 4G 网络下进行数据输入和浏览，通过 Web 浏览器实时获取各参与方通过项目管理系统录入的数据，并且数据与 BIM 模型相关联。4D-BIM 系统中相关的施工单元或构件上都能查询到远程填报信息，显示了基于 BIM 的项目综合管理应用。

在运维阶段，利用 BIM 技术对隐蔽机电管线路由查询，检修设备最佳检修路线、工程巡查路线演示，建立设施设备基本信息库与台账，定义设施设备保养周期等属性信息，建立设施设备维护计划；对设施设备运行状态进行巡检管理并生成运行记录、故障记录等信息，根据生成的保养计划自动提示到期需保养的设施设备；对出现故障的设备从维修申请，到派工、维修、完工验收等实现过程化管理。运维人员可以利用基于 BIM 风险管理模型进行建筑项目整体运维信息的实时监控，在基于 BIM 的风险管理模型中，运维人员可以进行建筑公共空间的安全性视频采集与门禁系统控制，对重要的机电设备房间的温湿度与运行状态进行监测，也可以获取到建筑各楼层电、气、水管线的使用状态，从而可以有效地进行运维过程的风险管理，提高项目的经济效益。

4.1.10　BIM 技术总结

伴随着 BIM 理念在建筑行业内不断地被认知和认可，其作用也在建筑领域内日益显现。作为建设项目生命周期中至关重要的施工阶段，BIM 的运用将为施工企业的生产产生更为重要的影响。通过此次项目的实际应用，让我们充分领略了新技术的强大功能，受益匪浅。

4.2　大型场馆项目案例

该场馆项目造型复杂，有大量的异形曲线结构和大跨度结构，外幕墙每一块玻璃都有其自身尺寸，相互之间不能代替更换，施工难度较大，施工过程是否可以将 BIM 模型精确落地将对项目完成程度起决定性作用，建设方将针对施工方 BIM 应用做重点把控。此项目 BIM 应用过程要求施工方全过程参与，并以 BIM 模型为指导，精确放样。要求通过 BIM 技术的应用可以自动生成带编号和三维空间坐标的加工图纸，通过精确测量技术、误差消减技术和 BIM 技术的联合测量校正，使得整体造型完成度达到最高。

4.2.1　项目概况

本项目建设性质为特大型科技馆，总建筑面积 6 万 m² （其中地上建筑面积 4.65 万 m²，地下面积 1.35 万 m²），地下一层，地上 5 层，建筑高度 45m，属一类高层公共建筑。场馆建筑效果图如图 4-38 所示。

图 4-38　场馆建筑效果图

4.2.2　BIM 的招标要求

（1）策划和编制项目应用方案，负责编制项目建模、应用和验收的标准，其中模型深度应当参考 BIM 应用指南附录各阶段深度要求进行细化，建立项目具体的模型深度要求或标准。

（2）编制与应用方案配套的 BIM 技术协同平台以及软硬件系统方案，并组织建设和保证系统正常运行。

（3）编制设计、施工及专业分包和监理等相关招标和合同中相关 BIM 技术应用的条款。

（4）协助招标人建立项目 BIM 技术应用组织体系和协同运行制度。协调组织设计、施工和监理等参与单位的建模、应用和协同平台管理等工作，负责模型、应用成果的审核、传递和验收，实现 BIM 技术有效应用于项目建设过程的沟通、协同和分析模拟，提高工程性能、质量、进度和成本管理和控制的水平。

（5）在设计过程中，根据设计各阶段的任务，检查各类设计模型、各类 BIM 成果报告检查，达到图纸与模型的表示一致，为施工阶段使用设计模型，提供可靠信息。

（6）在施工前期准备阶段，指导并协助施工单位运用三维手段完成对相关专业施工深化工作，以满足施工进度模拟、重难点和复杂工艺技术交底和质量控制需要。施工实施阶段，协助总承包单位对各专业模型进行及时更新与维护，确保模型能反映实际的实施情况。

（7）推动各专业单位对模型进行及时更新，确保实体与模型一致，便于相关单位进行信息和成果共享、协同与管理。

（8）通过可行的 BIM 技术方法，辅助委托人进行项目工程量计算和造价控制。

（9）辅助委托人做好竣工模型和归档验收工作，确定运营模型的深度要求。项目竣工验收时，对设计、施工模型进行处理，提供满足竣工要求的竣工模型，满足竣工模型存档，以及后期运营使用模型的需要。

（10）项目竣工交付使用后，负责向委托人进行有关专业培训与交底，保证与后期运营有关的咨询成果能够在运营阶段正常使用。

（11）项目执行期提供驻场服务。

（12）提供委托人建立基于 BIM 的运营管理平台咨询服务。

4.2.3　BIM 实施规划

建设单位主导BIM应用的核心是通过基于BIM技术的项目信息化集成管理平台与工程项目中各个参建单位进行协同管理。在实施项目实施过程中，结合实际项目的规模、实地环境等因素，建设单位自身或与 BIM 合作方相协调，明确项目各参与方在 BIM 应用过程中协作沟通方式、应负责任、级别权限等；制定相应的项目 BIM 标准规范，确保在 BIM 实施过程中，各参建单位在统一的管理标准和技术标准下开展 BIM 工作。各参建单位所提供的工程信息标准统一、相互对应，这是保障 BIM 工作顺利开展的重要条件。

BIM 系统应用旨在缩短项目工期、提升项目质量、降低工程造价，改善因为不完备的建造文档、设计变更或不准确的设计图纸而造成的交付延误以及投资成本的再次增加。针对具体项目，BIM 系统的应用方向包含工程深化设计、施工进度、资源、成本管理及施工现场管控等各个环节，并通过对信息的建立与收集，最终形成完整的竣工信息模型，从而完成该工程全生命周期管理环节中施工环节的信息建立，保证从设计到施工的 BIM 信息的延续性和完整性。

4.2.4 BIM 应用准备

1. BIM 应用管理体系

（1）BIM 组织架构。项目 BIM 应用工作的开展应由项目经理统一协调管理，项目总工负责 BIM 应用的实施，其他部门应配合 BIM 团队开展工作，方便 BIM 团队为各职能部门提供技术支持，共同推进项目 BIM 技术应用的有序开展。BIM 组织架构如图 4-39 所示。

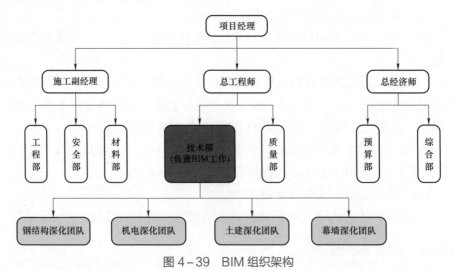

图 4-39　BIM 组织架构

（2）人员职责。主要岗位及部门的 BIM 应用职责见表 4-17。

表 4-17　　　　　　　　　　BIM 应 用 职 责

岗位/部门	BIM 工作及责任
项目经理	BIM 应用监督、检查项目执行进展
总工程师	总体负责项目 BIM 技术应用，对阶段性 BIM 成果、BIM 实施方案、实施计划等组织审核及验收
技术部	BIM 模型创建、运用、维护、管理，各专业协调配合，基于模型输出深化设计图纸，利用模型优化施工方案，配合其他部门输出 BIM 成果
工程部	配合 BIM 团队审核模型，反馈施工现场问题，利用深化图纸指导施工

岗位/部门	BIM 工作及责任
安全部	通过 BIM 可视化开展安全教育、危险源识别及预防防控，指定针对性应急措施
材料部	利用 BIM 模型生成料单，审批、上报准备的材料计划
质量部	通过 BIM 进行技术交底，优化检验批划分、验收
预算部	确定预算 BIM 模型建立的标准，利用 BIM 模型对内、对外的商务管控和内部成本管控

（3）BIM 应用管理制度。本工程制定和实施的 BIM 应用管理制度见表4-18。

表4-18　　　　　　　　BIM 应用管理制度

序号	制度名称	主要内容
1	模型审核制度	（1）在 BIM 应用阶段成果验收时，应由项目总工程师组织模型会审，模型会审应由工程部、质量部、预算部、业主、监理参加； （2）各参与方应审核模型精细程度、施工可行性、经济合理性； （3）模型审核后应形成审核记录； （4）模型审核通过后进行下步工作
2	图纸审核制度	（1）深化设计图纸应基于审核通过后的施工深化模型输出； （2）项目总工程师应组织深化图纸审核，图纸审核由工程部、技术部、业主、监理等参加； （3）图纸审核应形成审核记录； （4）图纸审核通过后交付设计院盖出图确认章，最终再交付工程部指导施工
3	BIM 培训制度	（1）项目总工程师应调研各部门 BIM 培训需求； （2）项目总工程师应制订 BIM 培训计划，明确培训对象、培训内容、培训目标、时间安排； （3）BIM 培训计划应由项目各部门确认； （4）BIM 培训由 BIM 团队根据实际需求组织实施
4	BIM 会议制度	（1）应形成 BIM 周例会制度，由总工程师组织主持会议，工程部、专业分包、业主、监理、设计参加会议； （2）会议主要讨论 BIM 协调工作中提前发现的问题，共同协商解决方案； （3）BIM 周例会应由 BIM 团队记录会议纪要，分别向业主、监理、设计抄送

2. BIM 团队配置

BIM 团队人员配置及主要工作职责见表 4-19。

表 4-19   BIM 团队人员配置及职责

序号	人员	管理职责	人数
1	BIM 项目经理	负责协调项目中 BIM 的应用并确保项目团队正确执行 BIM 实施方案，其主要职责为：制定并实施项目 BIM 实施策划方案；在整个项目周期内及时更新项目 BIM 实施策划方案；协调、沟通项目各利益相关方（业主、设计方、施工方及 BIM 工作组内部）的工作，确保各方严格执行项目 BIM 实施策划方案；BIM 工作组的工作管理，确认建模计划、模型设置及维护等	1
2	土建负责人	对本工程土建专业建立并运用 BIM 模型，进行建筑模型创建及审核、模型整合、碰撞检查、建筑深化设计、工程量统计、方案模拟、现场质量检查等	1
3	机电负责人	对本工程水、暖、电专业建立并运用 BIM 模型，管线综合深化设计、机械设备、管路的设计复核等工作，以及主要的平面、立面、剖面视图和管道及设备明细表，以及平面视图主要尺寸标注	1
4	BIM 工程师	对本工程各专业 BIM 模型的创建、修改、深化，并负责对专业内的模型整合与协调	6

3. 资源配置

各参与方自行采购配置 BIM 应用所需的软硬件，软、硬件需能满足模型创建、碰撞检查、深化图生成及模型浏览展示等需求，软、硬件具体配置见表 4-20 和表 4-21。

表 4-20   硬 件 配 置 表

用途	型号	配置
移动演示	联想 Y700	处理器：Core/酷睿 i7-6700HQ 内存：16GB 硬盘：三星 SSD 128GB 显卡：高性能 GTX960+Intel 核显 显示器：15.6 英寸
建模人员标准配置	联想 98002825 Tower	处理器：英特尔 Core i7-4770 @ 3.40GHz 四核 内存：16GB（三星 DDR3 1600MHz） 硬盘：三星 SSD840 EVO 250GB（250GB / 固态硬盘） 显卡：联想 LEN05AD LEN LT1953wA（19.1 英寸） 显示器：两台 19 英寸液晶显示器
服务器	联想 98002825 Tower	处理器：英特尔 Xeon E5-1603 0 内存：DDR3 1066MHz 硬盘：三星 SSD 840 EVO 250GB

表 4-21   软 件 配 置 表

软件名称	主要用途
Autodesk Revit 2017	土建、机电、场地等专业建模软件
Autodesk CAD 2014	施工深化图纸预览打印软件
Navisworks 2017	模型集成、浏览、漫游、检查软件
PKPM	BIM 结构分析软件
Tekla	钢结构深化设计软件
广联达	BIM 造价管理软件
3ds Max	三维效果及动画模拟软件

4.2.5 BIM 技术规格

BIM 技术规格是指为实施应用 BIM 而应具备的技术层面的具体条件，主要包括模型详细程度、软硬件选型等。

1. 技术要求

（1）设计优化。BIM 咨询方在建模过程中通过三维模型和二维图纸之前的对比，及时发现相关的图纸问题，并详细记录问题并反馈建设单位，由建设单位负责与设计单位进行沟通协调。针对存在的图纸问题进行审核修改，提高工作效率和设计质量。

通过建立多专业的 BIM 模型和模型整合，基于模型进行设计探讨，对设计中的重点部位进行模拟分析，并就内部管线布置、空间净高、用钢量计算等提出有针对性的优化建议。

（2）日照与遮挡分析。通过将 BIM 模型导入 Autodesk Ecotect Analysis 中，进行整体建筑遮挡和室内日照的模拟与分析，为建筑设计提供参考。

（3）消防疏散模拟分析。通过将 BIM 模型导入消防疏散模拟仿真软件 STEPS 中，进行主塔楼及重要场所（如影院、大会议厅、地下车库等）的消防疏散模拟分析，并对防火分区以及消防楼梯的设置提出优化建议。

（4）地下室车道的交通分析。通过自主开发的基于 BIM 模型的车道仿真软件进行地下室车道的交通分析，发现车道设计的空间问题，通过协调建筑、结构方案获得最优的设计结果。

（5）碰撞检测。在施工图设计阶段，进行综合布线模拟与交叉专业模型之间的碰撞检测，以减少施工中"错漏碰缺"等错误的发生。

2. 建模原则

为了使项目在各阶段顺利、高效开展，业上方需制定详细、可行的 BIM 实施规划。BIM 模型的详细程度应在符合项目要求和计算机的计算承受能力之间取得平衡，如果太过详细，则计算负荷过大，反应速度和稳定性都会下降，影响效率和操作。所以，模型详细程度的界定很关键。

在施工前利用 BIM 工具完成各专业施工图的深化设计，确保施工图深化设计的 BIM 成果，与施工时使用的二维成果内容、深度相一致。深化模型将用于施工阶段的模型综合、碰撞检查、进度模拟、方案模拟、辅助工程量统计等各 BIM 执行内容。结合项目数字化建设管理数据移交要求，建模要求如下：

（1）模型扣减关系原则。施工阶段 Revit 模型中存在交叉关系的构件拟按照以下扣减规则进行扣减：

1）柱切墙；

2）柱切板；

3）柱切梁；

4）梁切建筑墙；

5）梁切构造柱；

6）梁切板和基础板；

7）板切建筑墙；

8）建筑墙切建筑板；

9）结构墙切结构板和建筑板；

10）结构墙切梁；

11）结构墙切建筑墙；

12）结构基础切结构板。

（2）模型拆分原则。建筑专业模型按照以下原则拆分：

1）按建筑分区；

2）按楼号；

3）按施工缝；

4）按单个楼层或一组楼层；

5）按建筑构件，如外墙、屋顶、楼梯、楼板。

结构专业按照以下原则拆分：

1）按分区；

2）按楼号；

3）按施工缝；

4）按单个楼层或一组楼层；

5）按建筑构件，如外墙、屋顶、楼梯、楼板。

暖通专业、电气专业、给排水专业及其他设备专业按照以下原则拆分：

1）按分区；

2）按楼号；

3）按施工缝；

4）按单个楼层或一组楼层；

5）按系统、子系统。

3. 文件交互

本工程将提交软件原始格式模型、Revit 格式的链接模型和 Navisworks 绑定的浏览模型等。本工程将遵照如下文件交换标准：

（1）不同模型整合是基于 Revit 的集成模型，通过数据传输，集成 Rhino、PRoE、Sketchup、Tekla 和 Revit 以及其他数据模型。

（2）所有 BIM 模型数据可以被 Navisworks 读取，并能在 Navisworks 中浏览。

（3）最终浏览模型是基于 Navisworks 平台，集成多种数据格式。

（4）最终可编辑模型是基于 Revit 平台，集成多种数据格式。

（5）对于项目参与方的其他 BIM 数据转换要求，业主同意，可提供原始的 BIM 模型文档，并提供 Navisworks 模型。

（6）如分包商使用的软件无法将模型保存成 NWC 格式，分包商需将模型导出为*.ifc 或*.dwg 格式。

施工进度文件交互格式为 avi 视频。重点施工方案模拟交互为 avi 视频或 jpg 图片格式，如方案模拟与施工方案一起提交，文件交互格式可为施工方案文件。所有单位将遵守业主提出 BIM 信息保密制度，在发布 BIM 信息之前，确保得到业主的同意和授权，并做好相关的数据传递、交接记录。

4. 工作集划分

咨询单位需按模型专业信息详表对发包人提供的 BIM 模型进行深化、更新和维护。各专业的 BIM 模型中必须包含模型专业信息详表中所列出的构件（见表 4-22 和表 4-23），对各构件对应族或图层进行正确命名。模型专业信息表中未包含但对实际深化设计、协调及竣工信息管理有影响的构件，按照实际工程各单位负责分工，添加到相应 BIM 模型中。

表 4-22 模型专业信息详表 1

土建专业										
序号	构件名称	BIM 施工深化设计阶段				施工阶段			竣工阶段		
		类型	尺寸	位置	材料	砂浆标号	砂浆类型	内/外墙标	设备参数	厂家资料	保修信息
1	混凝土墙	√	√	√	√			√			
2	填充墙、隔墙	√	√	√	√	√	√	√			
3	柱	√	√	√	√						
4	梁	√	√	√	√						
5	板		√	√	√						
6	组合楼板		√	√	√						
7	设备基础		√	√	√						
8	楼梯	√	√	√	√						
9	集水坑		√	√	√						

表 4-23 模型专业信息详表 2

钢结构专业										
序号	构件名称	BIM 施工深化设计阶段				施工阶段		竣工阶段		
		类型	尺寸	位置	材质			设备参数	厂家资料	保修信息
1	钢梁	√	√	√	√			√	√	√
2	钢柱	√	√	√	√			√	√	√
3	支撑	√	√	√	√			√	√	√
4	檩条	√	√	√	√			√	√	√
5	钢楼板	√	√	√	√			√	√	√
6	钢管	√	√	√	√			√	√	√
7	钢板	√	√	√	√			√	√	√
8	加劲肋	√	√	√	√			√	√	√
9	连楼板		√	√	√			√	√	√
10	大型构件	√	√	√	√			√	√	√

4.2.6 BIM 实施与应用

根据招标文件要求与工作节点计划制定相应的 **BIM** 实施方案，并在项目实施过程中严格执行。

1．BIM 模型创建与完善

根据设计院二维图纸完成 BIM 模型创建，完善设计院提供的 BIM 模型（见图 4-40～图 4-43）。施工图模型构件精细程度应满足相关规范要求（见表 4-24）。

表 4-24　　　　　　　　　模 型 精 度 表

序号	专业工程	范围	模型精度	备注
1	钢结构	全部	LOD400	模型输出加工图纸
2	装饰装修	全部	LOD400	部分构件达到加工级
3	机电	全部	LOD400	构件达到加工级
4	土建结构	全部	LOD300	包含基本尺寸、材质等
5	幕墙	全部	LOD400	模型输出加工图纸
6	场地临建	必要部分	LOD200	包含基本尺寸、样式等

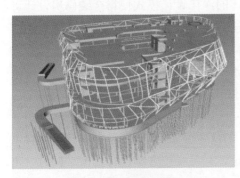

图 4-40　结构模型

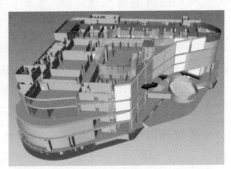

图 4-41　建筑模型

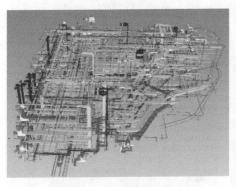

图 4-42　机电模型

图 4-43　局部综合模型

2. BIM 深化设计

（1）BIM 土建深化方案。BIM 土建深化方案包括基坑与边坡支护涉及的桩、地连墙、锚杆、土钉、支撑等施工图纸深化，以及对关键复杂的钢筋节点进行放样分析，解决钢筋绑扎、顺序问题，指导现场施工。

（2）BIM 钢结构深化方案。利用 Tekla 软件真实模拟进行钢结构深化设计，通过软件提供的参数化节点设置自定义所需的节点，构建三维 BIM 模型；基于模型生成施工图纸和构件加工图，指导现场施工。

（3）BIM 机电深化方案。机电工程项目深化设计分为专业工程深化设计和管线布置综合平衡深化设计。专业工程深化设计是在确定设备供应商、设备品牌后，由专业施工单位按原设计的技术要求进行二次设计，完成最后的施工图；管线布置综合平衡深化设计是根据工程实际将各专业管线设备在图纸上通过计算机进行图纸上的预装配，将问题解决在施工之前，将返工率降低到零点的技术。通过机电深化设计解决项目施工过程中因各专业管路管线错综复杂，碰撞繁多的问题。

（4）BIM 装修深化方案。基于 BIM 的深化设计模式使得全装修房设计可以针对每个客户进行个性化设计，并与建筑设计相结合，实现一体化设计。客户可以根据自己个性化的要求参与部分设计，对装修菜单选项进行自由选择、组合、调整。通过相关软件对 BIM 模型中的数据进行处理，能够实时生成房屋装修后的 3D 模型，充分表达个性化的设计成果，实现所见即所得。

3. 施工方案模拟

在重难点施工方案实施前，运用 BIM 技术进行真实模拟（图 4-44、图 4-45），从中找出实施方案中的不足，并对实施方案进行修改。同时，可运用多套施工方案进行专家比选，最终达到最佳施工方案。在施工过程中，通过施工方案、工艺的三维模型，给施工操作人员进行可视化交底，使施工难度降到最低，做到施工前有的放矢，确保施工质量与安全。

图 4-44　构件拼装模拟　　　　图 4-45　网壳施工模拟

4. 施工组织模拟

根据本工程特点，合理组织施工。在本工程施工总平面实施中，充分应用 BIM 技术进行三维模拟，对施工总平面进行规划，确保施工顺利开展。施工平面规划随施工进程的推进而调整变化。根据施工进度安排，分阶段进行 BIM 模型创建，以呈现各主要施工阶段的交通组织规划、大型设备使用、材料堆场及加工场地、临建设施使用是否合理。通过对周围环境、进场道路的位置、施工现场机械设备以及建筑材料的堆放全方位模拟，可更加有效地对施工现场进行综合规划，以保证工程合理有序进行。

4.2.7　BIM 竣工及运维

运用 BIM 技术，可将运维阶段需要的信息包括维护计划、检验报告、工作清单、设备参数、故障时间等链接入模型中，实现物业管理与 BIM 模型、图纸、数据一体化，BIM 竣工模型的信息与实际建筑物信息一致。

1. BIM 系统帮助业主进行物业管理

在 BIM 模型的基础上可以再次进行信息化，使后期的物业管理数字化。

（1）互动场景模拟。所谓互动场景模拟，就是 BIM 模型建好以后，客户可以通过 BIM 模型从不同的位置进入到虚拟的建筑物里面，做一次虚拟的参观考察，了解各空间的设施情况。

（2）在租售工作中，客户可以通过 BIM 模型了解场馆的各项机电参数，例如场馆的用电负荷、空调负荷等。同时客户可以根据自己的实际需求向业主方提出要求，这个时候，业主方就可以根据模型对现场情况有具体的了解，在此基础上根据客户需求做出最优的变更方案。

2. BIM 系统帮助业主进行系统维护

根据 BIM 模型，业主维护人员可以快速掌握并熟悉建筑内各种系统设备数据、管道走向等资料，可以快速找到损坏的设备及出问题的管道，及时维护建筑内运行的系统。例如，当甲方发现一些渗漏问题，首先不是实地检查整栋建筑，而是转向在 BIM 系统中查找位于嫌疑地点的阀门等设备，获得阀门的规格、制造商、零件号码和其他信息，快速找到问题并及时维护。

3. BIM 系统进行应急管理辅助、模拟

BIM 系统可以帮助业主进行应急管理，进行各种应急演练。很多模拟工作不能大面积、大规模现场开展，在数字的模拟系统下做将省时省力。在培训管理人员怎样处理应急状况时，通过 BIM 系统可进行一些没有办法在实际进行的模拟培训，例如火灾模拟、人员疏散模拟和停电模拟等。

4. BIM 系统模型的协调、集成

总承包和业主在专业工程和独立分包工程合同中明确分包单位建立和维护 BIM 模型的责任，总承包负责协调、审核和集成各专业分包单位/供应单位/独立施工单位/工程顾问单位等提供的 BIM 模型及相关信息。

（1）总承包负责督促各施工分包在施工过程中应用 BIM 模型，并按要求深化。

（2）总承包对各施工分包提供 BIM 技术支持和培训。以保证施工分包在施工过程中应用 BIM 模型。

（3）总承包负责基础和验证最终的 BIM 竣工模型，在项目结束时，向业主提交真实准确的竣工 BIM 模型、BIM 应用资料和设备信息等，确保业主和物业管理公司在运营阶段具备充足的信息。

4.2.8 BIM 应用总结

BIM 技术通过模型的建立和应用，数字信息模拟建筑物所具有的真实信息，使工程技术人员对工程项目的各种信息做出正确理解和高效应对，为设计团队以及包括施工运营单位在内的各方提供协同工作的基础，在提高生产效率，节约成本和缩短工期方面有重要作用。

4.3 大型校园项目案例

该校园项目要求通过 BIM 技术实现缩短工期，降低成本的目的。要求设计方利用 BIM 技术进行设计，并搭建运维平台，将项目信息及时更新，为运维阶段提供模型和数据。该项目建设方将主要把控 BIM 运维平台的功能完整性、信息实时性的实现。

为实现 BIM 项目全生命周期管理，应重点考察设计方的 BIM 应用能力和运维平台的性能。

4.3.1 项目概况

工程规模：主要包括 A 教学楼建筑面积约 25 526m²，地下 1 层、地上 7 层，建筑总高度 29.85m；B 教学楼建筑面积约 53 879.4m²，地上 7 层，建筑总高度 31.9m；C 实验楼建筑面积约 37 594.6m²，地上 8 层，建筑总高度 41.3m。A 教学楼、B 教学楼、C 实验楼总建筑面积 117 000m²。某校园建筑效果图如图 4-46 所示。

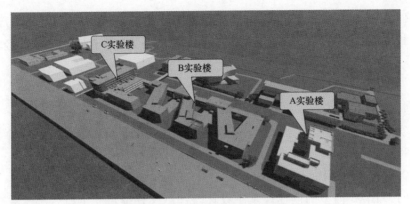

图4-46 某校园建筑效果图

4.3.2 BIM 的招标要求

1. BIM 工作范围

BIM 建模，机电综合管线深化和优化，机电施工指导，装修设计配合，并包括但不限于进行基于 BIM 技术的工作，材料计划、施工进度策划、进度计划校核优化、施工场地布置、临建 CI 标准化、施工工艺/工序模拟、可视化技术交底、施工方案编制、施工进度管控方案、深化设计、二次结构砌体施工、质量、安全管理、材料精细化管理、垂直运输管理分包管理、竣工模型制作。

2. 投标资格

（1）为了高质量完成本项目的 BIM 服务，本项目允许总承包投标申请人选择自有 BIM 团队或者与第三方专业 BIM 团队合作进行投标两种方式之一；总承包投标人如与第三方专业 BIM 团队合作，则需提供与第三方专业 BIM 团队的项目合作协议。

（2）总承包自有 BIM 团队以外的合作方 BIM 团队须具有独立的法人资格，注册资金 100 万元以上（含 100 万元）。

（3）所有参与投标的总承包自有或合作的 BIM 团队（下简称"投标方BIM 团队"），必须提供近三年建筑面积 10 万 m^2 公共建筑 BIM 服务业绩 3 项，近三年与本次招标规模相当的工程 BIM 咨询服务项目不少于三个（含三个）。

（4）本项目 BIM 部分设定独立项目经理，该项目经理需要具有此类工程相关经验，且担当不少于 3 个建筑面积 10 万㎡公共建筑的 BIM 项目实施经验。

（5）本项目投标方 BIM 团队至少 5 名以上的成员需具备相关 BIM 等级考试认证证书，并提供团队成员至少 6 个月以上本单位社保记录。

（6）投标方 BIM 团队各专业负责人应同时具有不少于 3 个建筑面积 6 万 m²公共建筑和不少于 1 个建筑面积 10 万 m² 以上的公共建筑 BIM 项目实施经验。

4.3.3 本项目 BIM 应用目标

1. 总体目标

实现对项目的全生命周期管理来达到缩短工期目标、降低工程造价、提升工程质量的目的。

2. 具体应用目标

（1）BIM 模型的创建。基于设计院图纸文件提供完全符合施工要求的 BIM 模型。

（2）碰撞检查。通过各专业模型碰撞检查解决施工中存在的各种问题。

（3）可视化施工指导。基于模型与 Pad 对项目进行可视化交底。

（4）快速评估变更引起的成本变化。自动构件统计，自动生成材料用量。

（5）预制、预加工构件跟踪管理。结合 RFID 与物联网技术实现对预制、预加工构件实时跟踪。

（6）施工现场远程监控和管理。结合物联网和 RFID 技术实现施工现场远程实时监控和管理，提供会议使用的数据与模型，实现现场实际施工进度与会议室的无缝对接。

（7）为物业运营提供准确工程信息。结合物联、RFID、大数据技术建立各系统及整个项目的全模型，交付 BIM 竣工模型，建立 BIM 档案。该项目运维管理框架如图 4-47 所示。

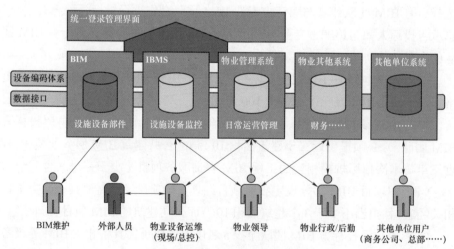

图 4-47　该项目运维管理框架

4.3.4 BIM 组织架构及各岗位职责

1. BIM 团队组织架构

本项目 BIM 组织架构为 BIM 项目经理负责整个项目的 BIM 管理，统一协调 BIM 各相关方，如各专业 BIM 工程师、计划协调管理部、物资设备部、商务合约部、建设单位、设计单位、BIM 监理单位和各分包商等。各专业配置充足熟练掌握本专业业务、熟悉 BIM 建模、浏览软件操作的人员，组成项目各部门 BIM 团队，负责相关专业工作。

针对具体项目，施工总承包团队中应设立 BIM 执行团队，明确 BIM 团队人员组织架构和工作职责。总承包 BIM 团队应协调管理整个工程参建单位的 BIM 系统建立、BIM 标准制定、实施等一系列工作，如组织协调各专业进行综合技术和工艺的协调，进度计划的协调，施工方案协调等。各分包单位的 BIM 管理成员纳入总承包管理范畴，进行工程模型的共享，协同作业。

2. BIM 执行团队岗位职责

本项目 BIM 团队主要负责：BIM 模型的创建、维护，确保设计和深化设计图清楚地形象地展现在模型里，及时发现图纸问题并解决；依照项目要求进行可视化展示，进行模拟施工优化工程施工进度计划；定期组织对项目部管理人员的培训工作。

（1）BIM 执行团队负责人：全面负责工程项目 BIM 系统的建立、运用、管理，与业主 BIM 团队对接沟通，全面管理 BIM 系统运用情况。

（2）建筑工程师：负责建筑专业 BIM 建模、模型应用，深化设计等工作。

（3）结构工程师：对结构（包括钢筋混凝土结构、钢结构等）进行建模及深化设计。

（4）给排水工程师：对给排水、消防专业建立并运用 BIM 模型，管线综合深化设计、水泵等设备、管路的设计复核等工作。

（5）暖通工程师：对暖通专业建立并运用 BIM 模型，管线综合深化设计、空调设备、管路的设计复核等工作。

（6）电气工程师：对电气专业建立并运用 BIM 模型，管线综合深化设计、电气设备、线路的设计复核等工作。

（7）造价工程师：应用 BIM 系统对施工所需资源（材料、劳动力、机械设备等）进行统计与分析，确保控制成本。

（8）计划工程师：运用 BIM 系统进行对施工现场进度计划 4D 模拟和计划的编制与检查，加强施工现场管理。

（9）现场工程师：采用 BIM 系统，进行三维模拟施工，对现场进行动态管理，确保现场管理有序进行，保障施工整体进度。

（10）信息化工程师：负责 BIM 系统及协同工作平台的日常维护工作。

4.3.5　BIM 执行计划

根据招标文件中对工作内容和工期节点的要求，以及本工程的总体计划，为保证工程的顺利进行，制定以下 BIM 执行计划（见图 4-48）。

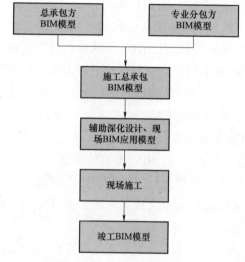

图 4-48　BIM 执行计划图

根据招标文件要求与工作节点计划制订相应的 BIM 实施方案，并在项目实施过程中严格执行。

（1）BIM 数据创建。BIM 数据建立是基于项目中各建筑设备相关信息与资料所创建的，它是项目各项服务实施的基础，同时通过在项目实施过程中不断完善，最终以成果的形式展现。

BIM 模型是一切数据的基础。施工总承包单位依照设计院初始施工模型进行深化设计，在施工过程中要求各分包单位积极配合建模，提供模型所用的各项信息，使得在工程竣工时模型精度达到 LOD500 级别。

（2）BIM 数据维护。施工过程中须对模型实时维护。鉴于项目施工过程中可能发生各种不确定因素，指派专人负责 BIM 模型的维护工作。实时更新，确保 BIM 模型中信息正确无误。

（3）4D 施工模拟。根据项目施工要求依照施工进度进项 4D 模拟，同时不断反馈项目，从宏观层面上为施工进度进行指导。具体实施为：4D 模拟可实现对各施工进度进行跟踪分析，将施工段在某特定时间的计划完成情况与实际完成情况进行对比并加以统计分析，发现施工进度冲突以及施工偏差，辅助项目管理人员更好地进行进度管理与资源的配置。

（4）运维管理。

1）室内外风环境分析。本项目拟采用自主研发的基于 BIM+GIS 技术的风环境分析软件分别对建筑室内和室外风环境进行模拟，为实现打造舒适的建筑室内外环境打下基础。

2）采光日照分析。本项目按照国家及相关地方关于日照的相应标准及规范，利用某国外软件进行光照模拟，并对模拟结果进行优化最终达到国家标准。

3）人员疏散模拟。建筑的安全与消防对于建筑至关重要，本项目拟采用 GIS+BIM 技术打造消防安全疏散系统，通过模拟紧急情况下的人员疏散情况，确定最佳疏散路径指导人员逃生。

4.3.6　BIM 系统工作计划

（1）各分包单位、供应单位根据总工期以及深化设计要求，编制 BIM 系统建模以及分阶段 BIM 模型数据提交计划等，由总包 BIM 领导小组审核，审核通过后由总包 BIM 领导小组正式发文，各分包单位参照执行。

（2）定期召开 BIM 专题会议，及时了解工作进展情况以及遇到的困难，根据需要及时解决问题并调整工作计划。

4.3.7　BIM 系统实施的保障措施

（1）成立 BIM 系统领导小组，小组成员有总包项目总经理、项目总工程师、BIM 总监、土建施工部经理、钢结构施工部经理、机电施工部经理、装饰施工部经理、幕墙施工部经理组成，定期沟通及时解决相关问题。

（2）总承包各职能部门设专人对口 BIM 系统执行小组，根据团队需要及时提供现场进展信息。

（3）成立 BIM 系统总分包联合团队，各分包派固定的专业人员参加，如果因故需要更换，必须有好的交接，保持工作的连续性。

（4）购买足够数量的 Autodesk 正版软件，配备满足软件操作和模型应用要求的足够数量的硬件设备，并确保配置符合要求。

（5）建立 BIM 系统运行检查机制，保证体系的正常运作。

4.3.8 BIM 技术的实施过程

在 BIM 项目实施过程中，为保证 BIM 工作有序无误的进行，应明确 BIM 工作的主要应用内容，并制定合理的 BIM 工作流程，从而保证 BIM 技术与现场施工实现合理高效的连接。BIM 主要应用点如下：

1. 基于 BIM 模型完成施工图综合会审

在施工图图纸会审过程中，通过 BIM 模型，结合施工经验，对设计的合理性进行一个模拟检查，对设计变更的合理性和可行性进行模拟和判定，尽可能地保证在施工过程中，不盲目、不反复，做到有的放矢。

2. 基于 BIM 模型进行三维深化设计协调

在 BIM 三维模型的基础上，进行建筑、结构、机电、装饰等各专业深化设计，并为现场施工提供辅助的综合结构留洞图、建筑—结构—机电—装饰综合图等施工图纸。通过三维可视化，及时发现综合图中各专业之间的碰撞、错、漏、碰、缺等问题（见图 4-49），并根据 BIM 模型提供碰撞检测报告，及时进行解决，以实现图纸设计零冲突、零碰撞，避免施工过程中的返工、停工等现象发生，大大减少设计变更，确保施工进度，为业主节约投资。在三维深化设计协调过程中，除了建筑和结构两大专业之间的协调外，还负责解决电梯井布置与其他设计布置及净空要求之协调，防火分区与其他设计布置的协调、地下排水布置与其他设计布置之协调等工作，做到全方位三维设计检测、协调。

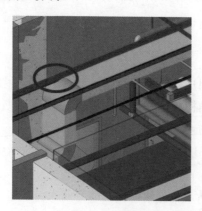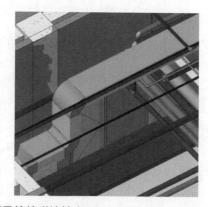

图 4-49　该项目管综碰撞检查

3. 施工方案及工艺模拟实施

对于重难点施工方案、特殊施工工艺实施前，运用 BIM 系统三维模型进行真实模拟，从中找出实施方案中的不足，并对实施方案进行修改。同时，可以模拟多套施工方案进行专家比选，最终达到最佳施工方案，在施工过程中，通过施工方案、工艺的三维模拟，给施工操作人员进行可视化交底，使施工难度降到最低，做到施工前的有的放矢，确保施工质量与安全。

4. 施工现场组织管理

在施工总平面实施中，充分应用 BIM 系统三维模拟，对施工总平面进行规划，做到合理，确保施工顺利开展。随施工进程的推进不断调整施工平面规划，利用 BIM 系统动态管理特点，立足现场场地实际情况，根据施工进度分阶段调整 BIM 三维模型，借以呈现各主要阶段的交通组织规划、大型设备使用、材料堆场及加工场地、临建设施等布置，通过对周围环境、进场道路的位置、施工现场机械设备以及建筑材料的堆放，现场施工防火的布置等的全方位模拟等，可以更有效的对施工现场进行综合规划与管理，以保证工程施工合理有序地进行。

5. 施工进度管理

基于 BIM 模型对整个施工过程进行管理和规划，并结合工程项目整体施工方案和进度计划，完成 4D 施工进度模拟，分析工程施工进度计划的合理性，进一步优化施工进度计划和施工方案（见图 4-50）。根据优化后的时间进度指导实际施工，并通过进度对比及时调整计划，提前进行施工材料、机械及劳动力的准备，保障整个工程顺利实施，确保工程总工期。

图 4-50 该项目施工进度管理

6. 资源成本管理

通过 BIM 模型的自动构件统计功能，快速准确地计算出各类构件所需要的数量，及时评估因为设计变更引起的材料需求变化，以及由此产生的成本变化，预算员可以根据变更后的建筑信息模型套价，评估风险等。通过 BIM 系统，对本工程任意一构件进行信息查询，包含该构件的名称、类型、体积、长度、面积、价格、出场厂家、变更日期、进出场时间等信息，通过模型的日常维护及信息的更新，得到工程项目任意阶段各构件的资源成本。同时建立成本的 5D 关系数据库，让实际成本数据及时进入 5D 关系数据库，成本汇总、统计、拆分对应瞬间可得。

7. 预制、预加工构件的数字化加工

通过构件的 BIM 模型，结合数字化构件加工设备，实现预制、预加工构件的数字化精确加工，以保证相应部位的工程质量，并且大大减少传统的构件加工过程对工期带来的影响。应用预制、预加工构件的数字化加工包括钢结构构件、风管及水管等。

8. 预制、预加工构件及施工现场实施监控管理

通过 BIM 模型、RFID、无线移动终端以及 Web 等技术，对现场施工进度进行实时跟踪，并且和计划进度进行比较，对每天的施工进度进行自动汇报，及时发现施工进度的延误。

利用 BIM 模型、RFID、无线移动终端、摄影摄像技术以及 Web 等技术把隐蔽工程、特殊构造的施工记录情况与 BIM 模型进行整合，并用数据库的方式加以存储，方便工程运营维护时对数据进行调用。

4.3.9　工程 BIM 信息的收集管理

总承包 BIM 团队建立信息管理平台，收集管理工程实施过程中 BIM 系统的所有信息，并负责竣工 BIM 信息的提供。主要包括如下几点：

（1）总承包作为现场各类施工信息的汇总单位和总协调单位，按要求提供 BIM 服务所需的各类信息（原始数据）。

（2）总承包人统筹全专业包括建筑结构机电综合图纸，并按要求提供 BIM 所需的各类信息和原始数据，交 BIM 团队用于建立工程项目所有专业的 BIM 模型。

（3）对 BIM 输出的利用：总承包可利用 BIM 输出的模型和信息，作为辅助手段，对施工进行管理。

（4）在总承包 BIM 管理团队中指定一名专职 BIM 系统收集整理人员，进行全面负责。

（5）收集管理信息主要包括工程建筑模型信息、深化设计信息、工程进度信息、方案工艺信息、资源信息、成本造价信息等工程动态信息。

（6）信息管理平台设置不同的访问权限，BIM 数据在存储过程中按照实际任务分配不同等级用户的访问权限，并严格执行。

4.3.10　BIM 应用总结

该章节以商业综合体、大型场馆、大型校园项目作为典型案例，主要介绍了由建设方主导的 BIM 技术的应用，包括具体要求和实施方案。BIM 技术为工程的各相关方提供了沟通的平台，在不同特点的项目上，可通过对管理模式的侧重调整，实现项目效益最大化。

BIM 作为一种信息管理的新技术，其价值点主要体现在三维可视化、仿真模拟、信息集成和提高管理效率上，给项目管理提供了一种全新的管理思路。BIM 技术要想有效地实施，必须有配套的管理标准，而且要与现有的管理流程有效地结合起来。将 BIM 融入项目管理中的框架、流程中，让 BIM 与项目真正结合，提高了项目管理的工作效率。通过基于 BIM 模型的信息采集、信息归档、无纸化办公、云端传输等手段提高项目信息的管理能力。

在上述 BIM 应用方面虽然取得了一定的成效，但仍存在一些问题需要进一步改进。例如目前 BIM 工作缺乏国家相关标准的指引，自设计院而下的协同工作流程还处于探索阶段，效率不高，需要不断完善各单位的协同工作流程，改进现有的利益分配模式。此外，在人才培养上，需要通过完善相关激励、考核制度，加强 BIM 应用实践能力的培养，打造一支专业、高效、稳定的 BIM 团队，最终实现项目 BIM 工作的常态化。

随着 BIM 软件的不断完善，随着我国数字化、信息化的进一步推进，BIM 在行业内全面推广应用的时间也在步步靠近。BIM 作为未来建筑业信息化的核心信息载体，将承担越来越重要的作用。

4.4　关于 BIM 应用的展望

以上案例以建设方角度进行分析，从项目是否采用 BIM 技术的评估、组建团队、招标时对于各参与方具体要求、各参与单位 BIM 业务管理流程及质量控制要求、甲方 BIM 评价体系建设等方面进行介绍。

真正能实现 BIM 的最大价值，在于整个生命周期的信息整合应用，从营建产业最初的规划设计时间即开始应用 BIM 技术，在 3D 虚空间中提前模拟营建生命周期各项活动及事先模拟各种发生的状况，以协助营建生命周期规划设计、营建施工、营运维护工作等各项管理，并配合后续开发的相关技术以及工具整合运用，而在 BIM 协同作业的模式下，提前仿真建筑完工后的样貌，并且可以在设计时间就可以提早检查出设计错误与冲突，并且提出更好的解决对策，让彼此在设计整合阶段进行高效的协商讨论，让各个领域的专业人员可以理解其他领域设计的考虑因素，避免错误延伸至施工阶段以及后续阶段，减少不必要工程成本支出，以提升工程效率及质量。

然而，普遍接受的 BIM 新理念并未普及到实践之中，从理念到实践经历一个漫长的过程是必然的，因为这需要颠覆原来的思维和工作方法。加之现阶段要是普及的话，会涉及如机制不协调、存在涉及任务风险、使用要求高、培训难度大、BIM 技术支持不到位、软件体系不健全等难以短时间改变的现实。但是我们相信随着 BIM 研究和应用的不断深入，BIM 内容会有不断地更新和变化，BIM 将在未来 3～5 年甚至更长时间内保持稳定不变，可以作为我们进行 BIM 研究和实践的一个基础。我们期待 BIM 能尽早为建设行业整体生产效率和质量的提升带来最大价值。

参 考 文 献

[1] 黄亚斌，徐钦. Autodesk Revit Architect 实例详解［M］. 北京：中国水利水电出版社，2013.4.

[2] 中国中建地产有限公司课题组. 业主方怎样用 BIM——城镇住宅建设全产业链开发模型研究及技术应用示范［M］. 北京：中国建筑工业出版社，2016.3.

[3] 曹少卫. BIM 技术在大型铁路综合交通枢纽建设中的应用［M］. 北京：机械工业出版社，2017.8.

[4] 李思康，李宁，冯亚娟. BIM 应用系列教程——BIM 施工组织设计［M］. 北京：化学工业出版社，2018.4.